卓越系列·国家示范性高等职业院校核心课程特色教材
自动化控制技术实战丛书

可编程控制器实用技术

主　编　张世生

副主编　张冬梅　潘学海

参　编　崔慧娟　祝木田　张旭芬

　　　　马　飞　孙翰英　周　庆

天津大学出版社

TIANJIN UNIVERSITY PRESS

内 容 提 要

本书以项目式学习为特色,以西门子公司的S7-200系列可编程控制器(PLC)为例,介绍了PLC的硬件结构和工作原理,PLC的存储器数据类型、指令系统和编程软件的使用方法,梯形图的经验设计法、顺序功能图的编程方法。这些设计方法很容易被初学者掌握,用它们可以设计出复杂的数字量控制系统。书中提供了大量的实训内容,还介绍了PLC的模拟量闭环控制、通信程序的设计方法、变频器应用、触摸屏组态、节省PLC输入输出点数的方法、PLC控制系统的可靠性措施等。为方便教学和自学,各章配有习题以供练习。

本书可作为大专院校工业自动化、电气工程及其自动化、应用电子、计算机应用、机电一体化及其他相关专业的教材,可供工程技术人员自学和作为培训教材使用,对S7-200系列PLC的用户也有很大的参考价值。

图书在版编目(CIP)数据

可编程控制器实用技术/张世生主编. —天津:天津大学
出版社,2012.6(2020.1重印)
(卓越系列)
国家示范性高等职业院校核心课程特色教材
自动化控制技术实战丛书
ISBN 978-7-5618-4348-2

Ⅰ.①可⋯ Ⅱ.①张⋯ Ⅲ.①plc技术-高等职业教育
-教材 Ⅳ.①TM571.6

中国版本图书馆CIP数据核字(2012)第111259号

出版发行	天津大学出版社	
地　　址	天津市卫津路92号天津大学内(邮编:300072)	
电　　话	发行部:022-27403647　邮购部:022-27402742	
网　　址	www.tjupress.com.cn	
印　　刷	北京虎彩文化传播有限公司	
经　　销	全国各地新华书店	
开　　本	185mm×260mm	
印　　张	14.5	
字　　数	362千	
版　　次	2012年6月第1版	
印　　次	2020年1月第2次	
定　　价	35.00元	

前　言

可编程控制器是一种以计算机为核心的通用新型工业自动化装置。它将传统的继电器控制系统与现代计算机技术结合在一起,集计算机技术、自动控制技术、通信技术于一体,具有结构简单、性能优越、可靠性高等优点,得到了广泛的应用,正在迅速地改变着工厂自动化的面貌和进程,成为当今及今后工业控制的主要手段和重要的自动化控制设备,被誉为现代工业生产自动化的三大支柱之一。应用可编程控制器已成为世界潮流,学好用好可编程控制器已显得越来越重要。随着电子技术、计算机技术及自动化技术的迅猛发展,可编程控制器技术的发展也越来越快。

为大力普及可编程控制器的应用,本书从工学结合的角度出发,以我国目前广泛应用的西门子公司的 S7 - 200 系列 PLC 为例,突出应用性和实践性,讲述了小型可编程控制器的基础知识;以技术技能应用型人才培养目标为依据,吸收了德国高职教材的优点,注重技能培养,结合了一些深入浅出的工程实例,讲述 PLC 技术的综合应用。

PLC 的应用大体可分为 3 个层次:数字量控制、模拟量控制和网络控制。本书项目 1 为 PLC 的认知;项目 2～5 介绍与数字量控制有关的指令和梯形图设计方法;项目 6 介绍顺序控制梯形图的设计方法;项目 7 介绍 PLC 在模拟量控制与 PID 闭环控制中的应用;项目 8 介绍 PLC 的通信方式和通信程序的设计方法;项目 9 通过实例说明西门子变频器的控制方式;项目 10 讲解触摸屏在水位控制中的应用,PLC 系统设计的内容、调试步骤。全书配有 14 个拓展实训内容,课后配有练习题。

在本书编写过程中,山东铝业职业学院提供了很多帮助,中国铝业山东分公司提供了大量资料和相关技术支持,并提出了许多宝贵意见,在此谨表示衷心感谢。

本书由张世生任主编,张冬梅、潘学海任副主编,崔慧娟、祝木田、张旭芬、马飞、孙翰英、周庆参加了编写。

因作者水平有限,时间仓促,书中难免有错漏不妥之处,恳请读者批评指正。
作者邮箱:zsszdm@163.com。

编者
2012 年 4 月

目　　录

项目 1　PLC 的认知 ·· (1)
  1.1　初识 PLC ·· (1)
  1.2　PLC 工作过程 ·· (5)
  1.3　西门子 PLC 的硬件配置 ·································· (11)
  1.4　PLC 的编程语言 ·· (14)
  习题 ·· (23)
项目 2　电机控制 ·· (24)
  2.1　电机控制工艺分析 ······································ (24)
  2.2　PLC 寻址 ··· (25)
  2.3　位操作指令 ·· (32)
  2.4　电机控制系统设计 ······································ (37)
  2.5　拓展实训:多地点控制 ·································· (40)
  习题 ·· (43)
项目 3　交通灯控制 ·· (44)
  3.1　交通灯控制工艺分析 ···································· (44)
  3.2　定时器与计数器指令 ···································· (44)
  3.3　交通灯控制系统设计 ···································· (50)
  3.4　拓展实训:报警控制 ···································· (55)
  习题 ·· (58)
项目 4　全自动洗衣机控制 ·· (60)
  4.1　全自动洗衣机控制工艺分析 ······························ (60)
  4.2　状态法编程 ·· (65)
  4.3　拓展实训:机械手控制 ·································· (66)
  习题 ·· (71)
项目 5　铁塔之光 ·· (73)
  5.1　铁塔之光工艺分析 ······································ (73)
  5.2　数据处理类指令 ·· (73)
  5.3　八段数码管的驱动 ······································ (76)
  5.4　铁塔之光系统设计 ······································ (77)
  5.5　拓展实训:台车的呼叫控制 ······························ (83)
  习题 ·· (86)
项目 6　自动送料装车系统 ·· (87)
  6.1　自动送料装车系统工艺分析 ······························ (87)

6.2　程序控制类指令 ……………………………………………………………………（88）

6.3　梯形图程序设计 ……………………………………………………………………（98）

6.4　拓展实训:运料小车的控制 ………………………………………………………（102）

　习题 …………………………………………………………………………………………（107）

项目7　电炉恒温控制 …………………………………………………………………………（108）

6.1　电炉恒温控制工艺分析 ……………………………………………………………（108）

7.2　模拟量配置 ……………………………………………………………………………（109）

7.3　数据处理类指令 ………………………………………………………………………（115）

7.4　PID 控制 ………………………………………………………………………………（123）

7.5　电炉恒温控制程序设计 ……………………………………………………………（126）

　习题 …………………………………………………………………………………………（133）

项目8　网络控制 ………………………………………………………………………………（135）

8.1　西门子工业网络 ……………………………………………………………………（135）

8.2　通信方式与通信参数设置 …………………………………………………………（139）

8.3　PLC 的通信指令 ……………………………………………………………………（141）

8.4　两台 PLC 间的通信 …………………………………………………………………（147）

8.5　PLC 与打印机的通信 ………………………………………………………………（149）

　习题 …………………………………………………………………………………………（152）

项目9　变频器控制 ……………………………………………………………………………（153）

9.1　变频器工作原理 ……………………………………………………………………（153）

9.2　变频器开关量控制 …………………………………………………………………（156）

9.3　变频器模拟量控制 …………………………………………………………………（159）

9.4　S7 – 200 PLC 与变频器的通信 ……………………………………………………（161）

　习题 …………………………………………………………………………………………（169）

项目10　水箱水位控制 ………………………………………………………………………（170）

10.1　水箱水位控制工艺分析 …………………………………………………………（170）

10.2　触摸屏与组态软件 ………………………………………………………………（171）

10.3　水箱水位控制系统设计 …………………………………………………………（178）

10.4　画面组态 …………………………………………………………………………（181）

10.5　PLC 控制系统设计 ………………………………………………………………（194）

10.6　系统测试及维护 …………………………………………………………………（203）

　习题 …………………………………………………………………………………………（205）

附录 A　特殊存储器 …………………………………………………………………………（206）

附录 B　指令集简表 …………………………………………………………………………（211）

附录 C　错误代码 ……………………………………………………………………………（218）

附录 D　常用缩略语 …………………………………………………………………………（221）

参考文献 …………………………………………………………………………………………（224）

2

项目 1 PLC 的认知

学习目标:

　　通过对本项目的学习,能识别 PLC,学会其硬件接线,学会编程软件安装与初步应用,了解仿真软件。

1.1 初识 PLC

1.1.1 PLC 简介

1.PLC 的产生

PLC 产生以前,继电器控制电路构成复杂的控制系统,占据大量的空间;当这些继电器运行时,又产生大量的噪声,消耗大量的电能;系统出现故障时,进行检查和排除故障非常困难,尤其是在生产工艺发生变化时,可能需要增加很多的继电器,继电器重新接线或改线的工作量极大,有时可能需要重新设计控制系统;其功能仅局限在能实现具有粗略定时、计数功能的顺序逻辑控制。

1968 年,美国通用汽车公司(GM)提出了对汽车流水线控制系统的具体控制要求。第二年,美国数据设备公司(DEC)为 GM 公司研制了世界上公认的第一台 PLC。当时的 PLC 只能用于执行逻辑判断、计时、计数等顺序控制,所以被称为可编程序逻辑控制器(Programmable Logic Controller,PLC)。

目前世界上 PLC 厂家已有 300 多个,部分主要厂家见表 1.1。在中国 PLC 市场,西门子、三菱及欧姆龙占绝对的优势,美国的罗克韦尔正大力推广。国内 PLC 厂家规模不大(最有影响的是无锡的华光、北京和利时、无锡信捷、威海恒日等),发展快,在价格上很有优势,相信会在世界 PLC 之林占有一定位置。

表 1.1 部分 PLC 生产厂家及产品品牌

国家	公司	产品系列
德国	西门子(SIMATIC)	Logo!、1200、S7-200、S7-300、S7-400 系列
美国	罗克韦尔(AB)	PLC-5 系列
美国	GE Fanuc	GE、90TM-30、90TM-70 系列

国家	公司	产品系列
美国	哥德(GOULD)	PC、M84 系列
美国	德州仪器(TI)	PM 系列
美国	西屋(Westing House)	SY/MAX、PCHPPC、FC-700 系列
美国	莫迪康(MODICON)	M84、M484、M584 系列
日本	三菱(MITSUBISHI)	F1、F2、FX、FX2、FX2N、A、Ans 系列
日本	欧姆龙(OMRON)	C、C200H、CPM1A、CQMI、CV 系列
日本	松下电工	FP 系列
日本	东芝(TOSHIBA)	EX 系列
日本	富士电机(FUJI)	N 系列
法国	TE 施耐德(SCHNEIDE)	TSX、140 系列

西门子 PLC 由 1975 年的 S3 系列、1979 年的 S5 系列,发展到 1994 年的 S7 系列。2004 年,推出了升级产品 CPU 224 和 CPU 226。本书以 CPU 226 为研究对象。

2. PLC 的特点

(1)高可靠性。继电器控制系统中,由于器件的老化、脱焊、触点的抖动以及触点电弧等现象大大降低了系统的可靠性。而在 PLC 系统中,接线减少到继电器控制系统的 1/100 ~ 1/10,大量的开关动作是由无触点的半导体电路来完成的,加上 PLC 充分考虑了各种干扰,在硬件和软件上采取了一系列抗干扰措施,PLC 有极高的可靠性。据有关资料统计,目前某些品种的 PLC 平均无故障时间达到了几十万小时。

(2)应用灵活。由于 PLC 产品均系列化生产,品种齐全,多数采用模块式的硬件结构,组合和扩展方便,用户可根据自己的需要灵活选用,以满足系统大小不同及功能繁简各异的控制要求。PLC 常采用箱体式结构,体积及质量只有通常的接触器大小,开关柜的体积缩小到原来的 1/10 ~ 1/2,有利于实现机电一体化。

(3)编程方便。PLC 的编程采用与继电器电路极为相似的梯形图语言,直观易懂,深受现场电气技术人员的欢迎。

(4)扩展能力强。PLC 可以方便地与各种类型的输入、输出量连接,实现 D/A、A/D 转换及 PID 运算,实现过程控制、数字控制等功能。PLC 具有通信联网功能,可以进行现场控制和远程监控。

(5)设计周期短。PLC 中相当于继电器系统中的中间继电器、时间继电器、计数器等的编程元件,虽数量巨大,但却是用程序(软接线)代替硬接线,因而设计安装接线工作量小。

3. PLC 的应用领域

PLC 的应用十分广泛,有多种分类方法,从被控物理量的角度将其应用领域概括为如下几个方面。

(1)开关量控制。开关量控制又称数字量控制,是在以单机控制为主的一些设备自动化领域中应用,比如包装机械、印刷机械、纺织机械、注塑机械、自动焊接设备、隧道盾构设备、水处理设备、切割设备、多轴磨床,冶金行业的辊压、连铸机械等,上述设备的所有动作,都需要由依据工艺设定在 PLC 内的程序来指导执行和完成,是 PLC 最基本的控制领域。

(2)模拟量控制。模拟量控制是在以过程控制为主的自动化行业中应用,比如污水处理、自来水处理,楼宇控制,火电主控、辅控,水电主控、辅控,冶金,太阳能,水泥,石油,石化,铁路交通等,上述行业所有设备需连续生产运行,存在许多的监控点和大量的实时参数,而要监视、控制相关的工艺设备,采集这些流程参数,就必须依靠 PLC 来完成。

(3)通信和联网。PLC 的通信包括主机与远程 I/O 间的通信、多台 PLC 之间的通信、PLC 与其他智能设备(计算机、变频器、数控装置、智能仪表)之间的通信。近年来 PLC 的通信功能不断加强,PLC 已经在各类工业控制网络中发挥着巨大的作用。

1.1.2　PLC 的分类

可编程控制器具有多种分类方式,了解这些分类方式有助于 PLC 的选型及应用。

1. 根据 I/O 点数分类

根据 I/O 点数可将 PLC 分为微型机、小型机、中型机和大型机。

(1)微型机。I/O 点数小于 64 点,内存容量为 256 B ~ 1 kB。这一类 PLC 主要用于单台设备的监控,在纺织机械、数控机床、塑料加工机械、小型包装机械上运用广泛,甚至还应用在家庭。

(2)小型机。I/O 点数为 64 ~ 256 点,具有算术运算和模拟量处理、数据通信等功能。小型机的特点是价格低、体积小,适用于控制自动化单机设备,开发机电一体化产品。

(3)中型机。I/O 点数为 256 ~ 1 024 点,除了具备逻辑运算功能,还增加了模拟量输入输出、算术运算、数据传送、数据通信等功能,可完成既有开关量又有模拟量的复杂控制。中型机的特点是功能强、配置灵活,适用于具有诸如温度、压力、流量、速度、角度、位置等复杂机械以及连续生产过程控制场合。

(4)大型机。I/O 点数在 1 024 点以上,功能更加完善,具有数据运算、模拟调节、联网通信、监视记录、打印等功能。大型机的特点是 I/O 点数特别多、控制规模宏大、组网能力强,可用于大规模的过程控制,构成分布式控制系统或整个工厂的集散控制系统。

2. 根据结构形式分类

从结构上看,PLC 可分为整体式、模块式及分散式三种形式。

(1)整体式结构。这种结构 PLC 的电源、CPU、I/O 部件都集中配置在一个箱体中,有的甚至全部装在一块印刷电路板上。图 1.1 为西门子公司的 S7 - 200 PLC。

(2)模块式结构。这种形式的 PLC 各部分以单独的模块分开设置,如电源模块、CPU 模块、输入模块、输出模块及其他智能模块等。这种 PLC 一般设有机架底板(也有的 PLC 为串行连接,没有底板),在底板上有若干插槽,使用时,各种模块直接插入机架底板即可。图 1.2 为西门子公司的 S7 - 300 PLC。一般大、中型 PLC 均采用这种结构。模块式 PLC 的缺点是结构较复杂,各种插件多,因而增加了造价。

(3)分散式结构。这种结构就是将 PLC 的 CPU、电源、存储器集中放置在控制室,而将各 I/O 模块分散放置在各个工作站,由通信接口进行通信连接,由 CPU 集中指挥。

3. 根据用途分类

根据用途,PLC 可分为通用型和专用型两种。

(1)通用 PLC,即一般的 PLC,可根据不同的控制要求,编写不同的程序,容易生产,造价低,但针对某一特殊应用时编程困难,已有的功能用不上。

（2）专用PLC,即完成某一专门任务的PLC,其指令程序是固化或永久存储在该机器上的,虽然它缺乏通用性,但执行单一任务时很快,效率很高,如电梯、机械加工、楼宇控制、乳业、塑料、节能和水处理机械等都有专用PLC,当然其造价也高。

图 1.1　一体化整体式 PLC

图 1.2　模块式 PLC

1.1.3　控制系统比较

1. 与继电器控制系统的比较

当继电器控制系统工艺过程改变时,其控制柜必须重新设计,重新配线,工作量相当大,有时甚至相当于重新设计一台新装置。从适应性、可靠性、安装维护等各方面比较,PLC都有着显著的优势,因此PLC控制系统取代以继电器为基础的控制系统是现代控制系统发展的必然趋势。目前,超过8个输入输出点的电气系统就要考虑使用PLC了。

2. 与集散控制系统的比较

在发展过程中,PLC与集散控制系统始终是互相渗透、互为补充。它们分别由两个不同的古典控制系统发展而来。PLC是由继电器控制系统发展而来的,所以它在数字处理、顺序控制方面具有一定优势。集散控制系统是由单回路仪表控制系统发展而来的,所以它在模拟量处理、回路调节方面具有一定优势。到目前为止,PLC与集散控制系统的发展越来越接近,很多工业生产过程既可以用PLC,也可以用集散控制系统实现其控制功能。综合PLC和集散控制系统各自的优势,把二者有机地结合起来,可形成一种新型的全分布式的计算机控制系统。

3. 与工业控制计算机系统的比较

工业控制计算机(简称工控机)标准化程度高、兼容性强,而且软件资源丰富,特别是有实时操作系统的支持,故对要求快速、实时性强、模型复杂、计算工作量大的工业对象的控制具有优势。但是,使用工业控制计算机要求开发人员具有较高的计算机专业知识和微机软件编程能力。PLC在工业抗干扰方面有很大的优势,具有很高的可靠性。而工控机用户程序则必须考虑抗干扰问题,一般的编程人员很难考虑周全。尽管现代PLC在模拟量信号处理、数值运算、实时控制等方面有了很大提高,但在模型复杂、计算量大且计算较难、实时性要求较高的环境中,工业控制计算机则更能发挥其专长。

1.1.4　发展趋势

目前,PLC的市场竞争十分激烈,各大公司都看中了中国这个巨大的PLC市场。西门子公司不断推出新的PLC产品,巩固和发展其领先的技术优势和市场份额。S7－200、S7－300

系列可编程控制器在中小型 PLC 市场中极具竞争力,1996 年又推出了中高档的 S7 - 400 系列 PLC、自带人机界面的 C7 系列 PLC、与 AT 计算机兼容的 M7 系列 PLC 等多种新产品。OMRON公司、AB 公司、GE 公司等也都采取了各种策略,争夺中国 PLC 市场。

随着技术的发展和市场需求的增加,PLC 的结构和功能也在不断改进。生产厂家不断推出功能更强的 PLC 新产品,如 S7 - 300 系列 PLC 属于中型 PLC,有很强的模拟量处理能力和数字运算功能,用户程序容量达 96 kB,具有过去许多大型 PLC 才有的功能,它的扫描速度为 1 000 条指令仅 0.3 ms,超过了许多大型 PLC。总的看来,PLC 的发展趋势主要体现在以下几个方面。

(1)网络化。网络化主要是朝集散控制系统(DCS)方向发展,使其具有 DCS 系统的一些功能。网络化和通信能力强是 PLC 发展的一个重要方面,向下将多个 PLC、多个 I/O 相连,向上与工业计算机、以太网等相连构成整个工厂的自动化控制系统。现场总线技术(PROFI-BUS)在工业控制中将会得到越来越广泛的应用。S7 - 300 PLC 可以通过多点接口 MPI (Multi-Point Interface)直接与多个计算机、编程器、操作员面板及其他厂家的 PLC 相连。

(2)多功能。为了适应各种特殊功能的需要,各公司陆续推出了多种智能模块。智能模块是以微处理器为基础的功能部件,它们的 CPU 与 PLC 的 CPU 并行工作,占用主机 CPU 的时间很少,有利于提高 PLC 扫描速度和完成特殊的控制要求。智能模块主要有模拟量 I/O、PID 回路控制、通信控制、机械运动控制(如轴定位、步进电机控制)、高速计数等。由于智能 I/O 的应用,使过程控制的功能和实时性大为增强。

(3)高可靠性。由于控制系统的可靠性日益受到人们的重视,一些公司已将自诊断技术、冗余技术、容错技术应用到现有产品中,推出了高可靠性的冗余系统,并采用热备用或并行工作。例如,S7 - 400 PLC 即使在恶劣的工业环境下依然可正常工作,在操作运行过程中模板还可热插拔。

(4)兼容性。现代 PLC 已不再是单个的、独立的控制装置,而是整个控制系统中的一部分或一个环节,兼容性是 PLC 深层次应用的重要保证。例如,SIMATIC M7 - 300 采用与 SIMATIC S7 - 300 相同的结构,能用 SIMATIC S7 模块,其显著特点是与通用微型计算机兼容,可运行 MS - DOS/Windows 程序,适合于处理数据量大、实时性强的工程任务。

(5)小型化,简单易用。随着应用范围的扩大和用户投资规模的不同,小型化、低成本、简单易用的 PLC 将广泛应用于各行各业。小型 PLC 由整体结构向小型模块化发展,增加了配置的灵活性。

1.2 PLC工作过程

1.2.1 PLC 硬件构成

图 1.3 为 PLC 的硬件构成示意图,图中各组成部分介绍如下。

1. 中央处理器(CPU)

与一般计算机一样,CPU 是 PLC 的核心,它按机内系统程序赋予的功能指挥 PLC 有条不素地工作,其主要任务如下。

(1)接收并存储从编程设备输入的用户程序和数据,接收并存储通过 I/O 部件送来的现场数据。

(2)诊断 PLC 内部电路的工作故障和编程中的语法错误。

(3)PLC 进入运行状态后,从存储器逐条读取用户指令,解释并按指令规定的任务进行数据传递、逻辑或算术运算,并根据运算结果,更新有关标志位的状态和输出映像寄存器的内容,再经输出部件实现输出控制。CPU 芯片的性能关系到 PLC 处理控制信息的能力与速度,CPU 位数越多,运算速度越快,系统处理的信息量越大,系统的性能也越好。

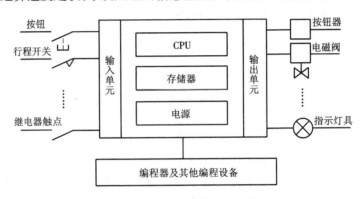

图 1.3　PLC 硬件构成示意图

2.存储器

存储器是存放程序及数据的地方,PLC 运行所需的程序分为系统程序和用户程序,存储器也分为系统存储器和用户存储器两部分。

(1)系统存储器。系统存储器用于存放 PLC 生产厂家编写的系统程序,并固化在 ROM 内,用户不能更改。

(2)用户存储器。用户存储器包括用户程序存储区和数据存储区两部分。用户程序存储区存放针对具体控制任务用规定的 PLC 编程语言编写的控制程序,其内容可以由用户任意修改或增删。用户数据存储区用来存放用户程序中使用的 ON/OFF 状态、数值、数据等。它们被称为 PLC 的编程"软"元件,是 PLC 应用中用户使用最频繁的存储区。PLC 中存储单元的字长目前以 8 位的较多,也有 16 位及 32 位的。

3.输入、输出接口

输入、输出接口是 PLC 接收和发送各类信号接口的总称。它包括主要用于连接开关量的输入接口、输出接口,以总线形式出现的总线扩展接口及以通信方式连接外部信号的通信接口。现分述如下。

(1)开关量输入接口。开关量输入接口用于连接按钮、行程开关、继电器触点、接近开关、光电开关、数字拨码开关及各类传感器的执行接点,是 PLC 的主要输入接口。开关量输入接口有交流输入及直流输入两种形式,图 1.4 给出了直流及交流两类输入接口的示意电路。图中虚线框内部分为 PLC 内部电路,框外为用户接线。开关量输入接口通过光电隔离电路连接存储单元的输入继电器。

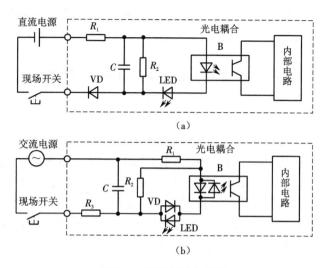

图 1.4 开关量输入单元

(a) 直流输入单元 (b) 交流输入单元

(2) 开关量输出接口。开关量输出接口用于连接继电器、接触器、电磁阀的线圈,是 PLC 的主要输出接口。根据机内输出器件的不同 PLC 开关量,输出接口通常有晶体管输出、晶闸管输出和继电器输出三种输出电路。图 1.5 分别给出了这三种电路的示意图。开关量输出接口通过隔离电路连接存储单元的输出继电器。

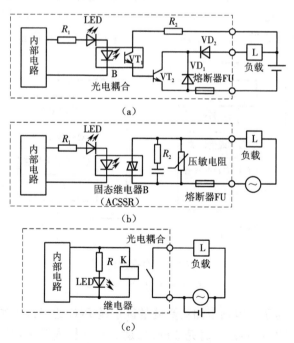

图 1.5 开关量输出单元

(a) 晶体管输出方式 (b) 晶闸管输出方式 (c) 继电器输出方式

(3)总线扩展接口。总线扩展接口用于连接主机的扩展单元及各类功能模块。

(4)通信接口。通信接口用于连接通信网络,PLC 一般配置 1~2 个 RS‐485 接口。

4.电源

小型整体式 PLC 内部设有一个开关电源,可为机内电路及扩展单元供电(DC 5 V),另一方面还可为外部输入元件及扩展模块提供 24 V 的直流电源。

5.编程器

编程器用来生成用户程序,并进行编辑、检查、修改和监视用户程序的执行情况等。手持式编程器只能输入和编辑指令表程序,一般用于小型 PLC 和现场调试,由于功能限制已趋于淘汰。使用编程软件可以在计算机上直接生成和编辑程序,且便于不同编程语言的转换,程序可以存盘、打印等,笔记本电脑为其开阔了更大的应用空间。

给 S7‐200 PLC 编程时,应配备一台安装有 STEP 7‐Micro/WIN 的计算机和一根连接计算机 PLC 的 PC/PPI 通信电缆或 PPI 多主站电缆。

1.2.2 PLC 工作原理

PLC 是在系统程序的管理下,依据用户程序的安排,结合输入信号的变化,确定输出接口的状态,以推动输出接口上所连接的现场设备工作。当然,这不是 PLC 工作的全部内容,全部内容还要更复杂一些。

图 1.6 是 PLC 扫描过程示意图。从图中可知,PLC 的工作过程除了与用户程序相关的处理外还有许多内部管理工作,如处理通信请求、故障自诊断检查等。PLC 有两种运行方式,一种为 STOP 方式,一种为 RUN 方式。只有运行 RUN 方式时,PLC 才执行用户程序,并输出运算结果。STOP 及 RUN 方式的选择可以通过机器外部的开关或程序加以控制。

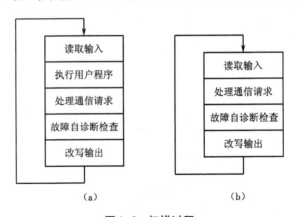

图 1.6 扫描过程
(a)RUN 状态　(b)STOP 状态

PLC 工作原理中相对于继电器电路最重要的区别是 PLC 的串行工作方式,这里有两层含义:一是图 1.7 中各项工作内容是分时完成的,二是 PLC 对输入输出信号的响应不是实时的。PLC 工作过程中与控制任务最直接的 3 个阶段为输入采样、程序执行、输出刷新。

(1)输入采样阶段。PLC 将各输入状态存入内存中各对应的输入映像寄存器中。此时,输入映像寄存器被刷新。接着进入程序执行阶段,此后输入映像寄存器与外界隔离,无论输入信号如何变化,其内容保持不变。

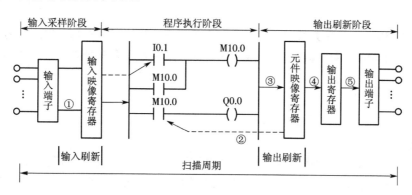

图 1.7　PLC 扫描的工作过程

(2)程序执行阶段。PLC 根据最新读入的输入信号状态,执行一次应用程序,其结果存入元件映像寄存器中。对元件映像寄存器来说,各个元件的状态会随着程序执行过程而变化。该阶段是通过映像寄存器对输入、输出存取,而不是实际的 I/O 点,这样有利于系统的稳定运行,提高编程质量,也有助于提高程序的执行速度。

(3)通信请求处理阶段。在通信请求处理阶段,CPU 处理从通信接口和智能模块接收到的信息,例如读取智能模块的信息并存放在缓冲区中,在适当的时候传送给通信请求方。

(4)CPU 自诊断测试阶段。自诊断测试包括定期检查 CPU 模块的操作和控制模块的状态是否正常,将监控定时器复位以及完成其他内部工作。

(5)输出刷新阶段。在所有指令执行完毕后,一次性地将程序执行结果送到输出端子,驱动外部负载。当 CPU 的工作模式从 RUN 变为 STOP 时,数字量输出被置为系统块中的输出表定义的状态,或保持当时的状态。默认的设置是将数字量输出清零。

(6)中断程序处理阶段。如果在程序中使用了中断,中断事件发生时,CPU 停止正常的扫描工作模式,立即执行中断程序,中断功能可以提高 PLC 对某些事件的响应速度。

(7)立即 I/O 处理阶段。在程序执行过程中使用立即 I/O 指令可以直接存取 I/O 点。用立即 I/O 指令读输入点的值时,相应的输入映像寄存器的值未被更新。用立即 I/O 指令改写输出点的值时,相应的输出映像寄存器的值被更新。

可以将以上几个阶段工作完成一遍的过程叫做一个扫描周期,其典型值为 1 ~ 100 ms,PLC 的工作就是周而复始地执行扫描周期。综合以上几个阶段的工作内容不难知道,在本扫描周期的程序执行阶段发生的输入状态变化是不会影响本周期输出的。无论是输入采样、程序执行,还是输出刷新,每一个动作都需要分时工作,并且在程序执行阶段中,指令的执行是分时的。对于梯形图程序,分时执行可理解为从左至右、从上而下执行梯形图程序的各个支路。对于指令表程序,可以理解为依指令的顺序逐条执行指令表程序。指令执行所需的时间与用户程序的长短、指令的种类和 CPU 执行指令的速度有很大关系。用户程序较长时,指令执行时间在扫描周期中占相当大的比例。

分时是计算机工作的特点,正像人在某个瞬间只能处理一件事情一样,计算机在某个瞬间只能做一个具体的动作,这就叫串行工作方式。而继电器控制系统是并行工作方式。由于PLC 的工作速度高,整个扫描周期一般只有几十至几百毫秒,这对于一般的逻辑控制是完全可以满足的。对于时间要求非常严格的场合,立即输入与立即输出的响应就只有靠中断来完成了。

概括而言,PLC 的工作方式是一个不断循环的顺序扫描工作方式。CPU 从第一条指令开始,按顺序逐条地执行用户程序直至结束,然后返回第一条指令开始新的一轮扫描。

1.2.3 PLC 的性能指标

PLC 的性能指标是评价和选购机型的依据,其主要有以下几个方面。

1. 存储容量

系统程序存放在系统程序存储器中。这里说的存储容量指的是用户程序存储容量,用户程序存储容量决定了 PLC 可以容纳的用户程序的长短,一般以字节(B)为单位来计算。每 1 024 B 为 1 kB。中、小型 PLC 的存储容量一般在 8 kB 以下,大型 PLC 的存储容量可达到 256 kB ~ 2 MB。也有 PLC 用存放用户程序指令的条数来表示容量,一般中、小型 PLC 存储指令的条数为 2 000 条。

2. I/O 点数

I/O 点数指输入点及输出点数之和。I/O 点数越多,外部可接入的输入器件和输出器件就越多,控制规模就越大。因此 I/O 点数是衡量 PLC 规模的指标。

3. 扫描速度

扫描速度是指 PLC 执行程序的速度。一般以执行 1 kB 所用的时间来衡量扫描速度。有些品牌的 PLC 在用户手册中给出执行各条程序所用的时间,可以通过比较各种 PLC 执行类似操作所用的时间来衡量扫描速度的快慢。

4. 编程指令的种类和数量

编程指令的种类和数量涉及 PLC 能力的强弱。一般说来编程指令种类及条数越多,处理能力和控制能力就越强。

5. 扩展能力

PLC 的扩展能力表现在对开关量输入模块、开关量输出模块、模拟量模块及智能模块的扩展上。大部分 PLC 可以用 I/O 扩展模块进行 I/O 点数的扩展,有的 PLC 可以使用各种功能模块进行功能扩展。

6. 智能模块的数量

为了完成一些特殊的控制任务,PLC 厂商都为自己的产品设计了专用的智能模块,如模拟量控制模块、定位控制模块、速度控制模块以及通信工作模块等。智能模块种类的多少和功能的强弱是衡量 PLC 产品水平高低的重要指标。各个生产厂家都非常重视智能模块的开发,近年来智能模块的种类日益增多,功能越来越强。

7. 编程器及编程软件

反映这部分性能的指标有编程器的类型(简易编程器、图形编程器或通用计算机)、运行环境(DOS 或 Windows)、编程软件及是否支持高级语言等。

8. 编程语言向高层次发展

PLC 的编程语言在原有梯形图语言、顺序功能块语言和指令表语言的基础上,正在不断丰富,并向高层次发展。

1.3 西门子PLC的硬件配置

1.3.1 PLC的安装

1.PLC的外观

图1.8是西门子公司S7-200系列PLC的外观示意图。S7-22X系列PLC有CPU 221、CPU 222、CPU 224、CPU 226、CPU 226XM、CPU 224XP等型号,均为整体式机,且外观布置大体相同。由图可见,连接输入、输出器件及电源用的接线端子位于机箱顶部两侧,为了方便接线,CPU 224、CPU 226和CPU 226XM机型采用可插拔整体端子。用于通信的RS-485接口在机身的左下部,前盖下有用于连接扩展单元的扩展接口、模式选择开关、模拟量电位器等装置。模拟电位器可用于定时器的外设定及脉冲输出等场合。

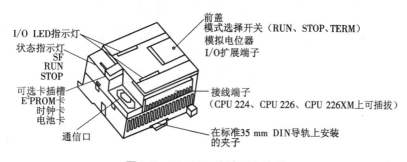

图1.8 S7-200系列PLC外观

2.PLC的接线

PLC在工作前必须正确地接入控制系统。与PLC连接的主要有PLC的电源线,输入、输出器件的接线,通信线,接地线。图1.9为西门子S7-200系列PLC中CPU 224 AC/DC/Relay的接线图。型号中的AC为本机使用交流电源,DC指输入端用直流电源,Relay指输出器件为继电器。

1)电源接线

PLC的供电通常有两种情况:一是直接使用工频交流电,通过交流输入端子接入,对电压的要求比较宽松,100~250 V均可使用;二是采用外部直流开关电源供电,一般配有直流24 V输入端子。采用交流供电的PLC机内自带直流24 V内部电源,为输入器件供电。

2)输入器件的连接

PLC的输入器件主要有开关、按钮及各种传感器,这些都是触点类型的器件,在接入PLC时,每个触点的两个接头分别连接一个输入点及输入公共端。PLC的开关量输入接线点都是螺钉接入方式,每一位信号占用一个螺钉,公共端有时是分组隔离的。开关、按钮等器件都是无源器件,PLC内部电源能为每个输入点提供约7 mA工作电流,这也就限制了线路的长度。有源传感器在接入时需注意与机内电源的极性配合。模拟量信号的输入需采用专用的模拟量工作单元。

3）输出器件的连接

PLC 的输出口上连接的器件主要是继电器、接触器、电磁阀的线圈。这些器件均采用 PLC 机外的专用电源供电，PLC 内部不过是提供一组开关触点。接入时线圈的一端接输出点螺钉，一端经电源接输出公共端。由于输出口连接线圈种类多，所需的电源种类及电压不同，输出口与公共端常分为许多组，而且组间是隔离的。PLC 输出口的电流定额一般为 2 A，大电流的执行器件需配装中间继电器。

4）通信线的连接

PLC 一般设有专用的通信口，通常为 RS-485 口，与通信口的连接常采用专用的接插件。

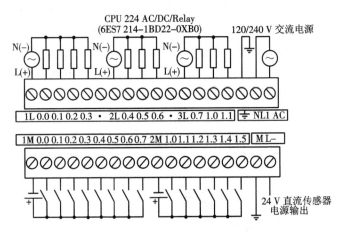

图 1.9　CPU 224 AC/DC/Relay 的接线图

3. 扩展模块的安装

1）模块的安装与拆卸

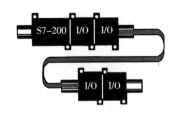

图 1.10　标准导轨安装

S7-200 PLC 可以安装在板上，也可以安装在标准 DIN 导轨上，利用总线连接电缆，可以很容易地把 CPU 模块和扩展模块连接在一起。需要连接的扩展模块较多时，可将模块分成两组，两组模块之间使用扩展连接电缆（见图 1.10），将模块安装成两排。

S7-200 PLC 的 CPU 模块和扩展模块采用自然对流散热方式，每个单元的上方和下方应留 25 mm 的散热空间。如果垂直安装，最高工作温度较水平安装应降低 10 ℃，前后板间的距离应≥75 mm，CPU 模块应安装在扩展模块的下方，应使用 DIN 导轨固定端子。在有剧烈震动的情况下，应用 M4 螺钉固定模块。

一般情况下可在 DIN 导轨上安装，安装方法是：打开位于模块底部的 DIN 导轨夹子，将模块放在 DIN 导轨上，合上 DIN 导轨夹子，检查模块是否已固定好，I/O 模块应放在 CPU 模块的右侧，固定好各模块后，将扩展模块的电缆插到其左边的模块前盖下的连接器上。

拆卸模块之前应切断 PLC 的电源，拆卸与模块相连的所有接线和电缆线后，松开固定螺钉或 DIN 导轨夹子，然后取下模块。

2）现场接线端子排与可拆卸的端子连接器

采用可选的现场接线端子排时,现场接线固定在端子排上,后者固定在模块的接线端子上。更换 S7 - 200 PLC 的模块时,可将端子排整体取下来,这样可以减少更换模块的时间,还可以保证在拆卸和重装模块时现场接线固定不变。要取下端子连接器时,先抬起模块的端子上盖,将旋具插入端子块中央的槽口中,用力向下压并撬出端子连接器。将端子连接器装入模块时,将它向下压入模块,直到连接器被扣住。

3）本机 I/O 与扩展 I/O

S7 - 200 PLC 的 CPU 有一定数量的本机 I/O,本机 I/O 有固定的地址。扩展 I/O 模块用来增加 I/O 点数,安装在 CPU 模块的右边,其 I/O 点的地址由模块的类型和模块在同类 I/O 模块链中的位置来决定。CPU 分配给数字量 I/O 模块的地址以字节(8 位)为单位,其中未用的位不会分配给 I/O 链中的后续模块。输出模块保留字节中的未用位,可像内部存储器标志位那样来使用它们。对于输入模块,每次更新输入时都将输入字节中未用的位清零,因此能将它们用作内部存储器标志位。模拟量扩展模块以 2 B 递增的方式来分配地址。表 1.2 是 CPU 224 的 I/O 地址分配举例。

表 1.2　CPU 224 的 I/O 地址分配举例

CPU 224		模块 0		模块 1	模块 2		模块 3	模块 4	
14DI	10DQ	4DI	4DQ	8DI	4AI	1AQ	8DQ	4AI	1AQ
I0.0	Q0.0	I2.0	Q2.0	I3.0	AIW0	AQW0	Q3.0	AIW8	AQW2
I0.1	Q0.1	I2.1	Q2.1	I3.1	AIW2		Q3.1	AIW10	
⋮	⋮	I2.2	Q2.2	⋮	AIW4		⋮	AIW12	
I1.5	Q1.1	I2.3	Q2.3	I3.7	AIW6		Q3.7	AIW14	

1.3.2　PLC 的工作模式

1.工作模式

模式选择开关具有 RUN、STOP 及 TERM 三种状态。

在 RUN 模式,通过执行反映控制要求的用户程序来实现控制功能,执行完整的扫描过程。在 CPU 模块上用"RUN"LED 显示当前的工作模式。

在 STOP 模式,CPU 不执行用户程序,可用编程软件创建和编辑用户程序,设置 PLC 的硬件功能,并将用户程序和硬件设置信息下载到 PLC。

TERM 模式是一种暂态,可以用程序将 TERM 转换为 RUN 或 STOP 模式,在调试程序时很有用处。

如果有致命错误,在消除它之前不允许从 STOP 模式进入 RUN 模式。PLC 操作系统储存非致命错误供用户检查,但不会从 RUN 模式自动进入 STOP 模式。

2.用模式开关改变工作模式

CPU 模块上的模式开关在 STOP 位置时将停止用户程序的运行;在 RUN 位置时,将启动用户程序的运行。模式开关在 STOP 或 TERM(Terminal,终端)位置时,电源通电后 CPU 自动进入 STOP 模式;在 RUN 位置时,电源通电后自动进入 RUN 模式。

1.4 PLC 的编程语言

1.4.1 系统软件

系统软件主要包括三部分。

(1)系统管理程序。系统管理程序有如下三方面作用:一是运行时间管理,控制 PLC 何时输入、何时输出、何时计算、何时自检、何时通信;二是存储空间管理,规定各种参数、程序的存放位置,以生成用户环境;三是系统自检程序,包括各种系统出错检验、用户程序语法检验、句法检验、警戒时钟运行等。

(2)用户指令解释程序。用户指令解释程序是联系高级程序语言和机器码的桥梁。众所周知,任何计算机最终都是执行机器码指令的。但用机器码编程却是非常复杂的事情。PLC 用梯形图语言编程。把使用者直观易懂的梯形图变成机器能懂得的机器语言,这就是解释程序的任务。

(3)标准程序模块及其调用程序。这是许多独立的程序块,各程序块具有不同的功能,有些完成输入、输出处理,有些完成特殊运算等。

1.4.2 编程语言

无论是哪国生产的 PLC,用户程序最常用的编程语言都是梯形图及语句表,某些产品还具有顺序功能流程图编程功能。不同型号的 PLC 的梯形图虽然并不完全相同,梯形图对应的语句表指令也不一致,但其基本模式大同小异。在 IEC 61131—3 中详细说明了句法、语义和下述五种编程语言的表达方式。

1. 顺序功能图(Sequential Function Chart,SFC)

顺序功能图编程方式采用画工艺流程图的方法,SFC 只要在每一个工艺方框的输入和输出端,标上特定的符号即可。对于在工厂中搞工艺设计的人来说,用这种方法编程,不需要很多的电气知识,非常方便。

2. 梯形图(LAdder Diagram,LAD)

和继电器电路图类似,梯形图是用图形符号及图形符号间的连接关系表达控制思想的。梯形图所使用的符号主要是触点、线圈及功能框。这些符号加上母线及符号间的连线就可以构成梯形图。梯形图中左右两条垂直的线就是母线,左母线总是连接由各类触点组成的触点"群"或者叫触点"块",右母线总是连接线圈或功能框。(右母线可省略)

理解 PLC 梯形图的一个关键概念是"能流"(Power Flow),即一种假想的"能量流"。在图中,如把左边的母线假设为电源"相线",而把右边的母线假想为电源"中性线",当针对某个线圈的一个通路中所含的所有常开触点是接通的,所有的常闭触点是闭合的,就会有"能流"从左至右流向线圈,则线圈被激励,线圈置1,线圈所属器件的常开、常闭触点就会动作。与此相反,如没有"能流"流达某个线圈,线圈就不会被激励。还要记住,能流永远是从左向右流动。

3. 语句表(STatement List,STL)

语句表语言类似于通用计算机程序的助记符语言,是 PLC 的另一种常用基础编程语言。所谓语句表,指一系列指令按一定顺序的排列,每条指令有一定的含义,指令的顺序也表达一定的含义。指令往往由两部分组成:一是由几个容易记忆的字符(一般为英文缩写词)来代表某种操作功能,称为助记符,比如用"MUL"表示"乘";另一部分则是用编程元件表示的操作数,准确地说是操作数的地址,也就是存放乘数与积的地方。指令的操作数有单个的、多个的,也有的指令没有操作数,没有操作数的称为无操作数指令(无操作数指令用来对指令间的关联做出辅助说明)。

4. 功能块图(Function Block Diagram,FBD)

这是一种由逻辑功能符号组成的功能块来表达命令的图形语言,这种编程语言基本上沿用了半导体逻辑电路的逻辑方块图。对每一种功能都使用一个运算方块,其运算功能由方块内的符号确定。常用"与"、"或"、"非"等逻辑功能表达控制逻辑。和功能方块有关的输入画在方块的左边,输出画在方块的右边。采用这种编程语言,不仅能简单明确地表现逻辑功能,还能通过对各种功能块的组合,实现加法、乘法、比较等高级功能,所以,它也是一种功能较强的图形编程语言。对于熟悉逻辑电路和具有逻辑代数基础的人来说,是非常方便的。

5. 高级语言

在一些大型 PLC 中,为了完成一些较为复杂的控制,采用功能很强的微处理器和大容量存储器,将逻辑控制、模拟控制、数值计算与通信功能结合在一起,配备 BASIC、PASCAL、C 等计算机语言,从而可像使用通用计算机那样进行结构化编程,使 PLC 具有更强的功能。如结构文本 ST(Structured Text)是为 IEC 61131—3 标准创建的一种专用的高级编程语言,能实现复杂的数学运算,编写的程序非常简洁和紧凑。

1.4.3 编程软件

1. 软件的安装及硬件连接

STEP 7 – Micro/WIN 是基于 Windows 的应用软件,运行于 Windows 98、Windows ME、Windows 2000 或 Windows XP 操作系统的计算机,VGA 显示器,支持鼠标,具有 RS – 232 口或 USB 口,都可以安装。

安装时将含有 STEP 7 – Micro/WIN 编程软件的光盘插入光盘驱动器,系统可自动进入安装向导,或在光盘目录里双击"setup",进入安装向导,之后则可按照向导提示完成软件的安装工作。软件路径可以使用默认子目录,也可以用"浏览"按钮弹出对话框选择或新建一个子目录。在安装结束时,向导会提示重新启动计算机以完成安装过程。

程序下载到 PLC 需要装有 STEP 7 – Micro/WIN 的计算机和 PLC 进行通信。通信最简单的设备是一根 PC/PPI 电缆,电缆的一头接计算机的 RS – 232 口,另一头接在 PLC 的 RS – 485 通信口上,PC/PPI 电缆上设有选择通信波特率及帧模式的 DIP 开关,计算机与 PLC 的连接与 DIP 开关各位的设置有关。初学者可选通信波特率为默认值 9.6 kbit/s,在不使用调制解调器时,开关 4、5 均应设置为 0。

安装完成软件并设置连接好硬件后,可按下述步骤设置通信参数。

(1)运行 STEP 7 – Micro/WIN 软件,在引导条中单击"通信"图标,或从主菜单中选择"检视"中的"通信"项,则会出现一个"通信设定"对话框。

(2)在对话框中双击"PC/PPI 电缆"图标,即出现"设置 PG/PC 接口"对话框,这时可安装或删除通信接口、设置及检查通信接口等。系统默认设置:远程设备站地址为2,通信波特率为 9.6 kbps,采用 PC/PPI 电缆通信,可使用的计算机口、PPI 协议。

2.编程软件的功能及其主界面

1)STEP 7 – Micro/WIN 的基本功能

STEP 7 – Micro/WIN 的基本功能是协助用户开发应用软件。在 STEP 7 – Micro/WIN 环境下可创建用户程序,修改和编辑原有的用户程序,实现用户所编辑程序的管理。该软件还具有语法检查功能,可在编程中检查用户程序的语法错误。利用该软件的监控功能还能实现用户程序的调试及监控。软件的大部分功能,如程序的编制、编译、调试相关的组态等工作,在离线工作方式(即计算机并未与 PLC 连接)时即可实现,部分功能则需在在线情况下实现。

2)软件的主界面及各区域的用途

启动 STEP 7 – Micro/WIN 编程软件,主界面含以下几个主要分区:菜单条(包含 8 个主菜单项)、工具条(快捷操作窗口)、指令树(Instruction Tree)(快捷操作窗口)、用户窗口、输出窗口和状态条,如图 1.11 所示,以下分别说明。

图 1.11　编程软件主界面

Ⅰ.菜单条

菜单条是以菜单形式操作的入口,菜单含"文件(File)"、"编辑(Edit)"、"检视(View)"、"可编程序控制器(PLC)"、"调试(Debug)"、"工具(Tools)"、"视窗(Windows)"、"帮助(Help)"等项。用鼠标点击某项菜单,可弹出该菜单的细目,如"文件(File)"菜单的细目包含新建、打开、保存、上载、下载等项,可知文件菜单的主要功能为程序文件的管理,可以建立或打开待编辑的应用程序。菜单条中的其他项目涉及编程界面的变换、编辑语言的变更、程序编辑、调试等操作。

Ⅱ. 工具条

工具条提供简便的鼠标操作,将最常用的 STEP 7 – Micro/WIN 操作以按钮的形式设定到工具条。可以用"检视(View)"菜单中的"工具(Toolbars)"选项来显示或隐藏四种工具条:"标准(Standard)"、"调试(Debug)"、"公用(Common)"和"指令(Instructions)"。菜单条中涉及的各种功能在工具条中大多能找到。

Ⅲ. 引导条

引导条为编程提供按钮控制的快速窗口切换功能。该条可用"检视(View)"菜单中的"引导条(Navigation Bar)"选项来选择是否打开。引导条含"程序块(Program Block)"、"符号表(Symbol Table)"、"状态图表(Status Chart)"、"数据块(Data Block)"、"系统块(System Block)"、"交叉索引(Cross Reference)"和"通信(Communication)"等图标按钮。单击任何一个按钮,则主窗口切换成此按钮对应的窗口。引导条中的所有操作都可用"指令树(Instruction Tree)"窗口或"检视(View)"菜单来完成,可以根据个人的爱好来选择使用引导条或指令树。

Ⅳ. 指令树

指令树是编程指令的树状列表。可用"检视(View)"菜单中"指令树(Instruction Tree)"的选项来选择是否打开,并提供编程时所用到的所有快捷操作命令和 PLC 指令。

Ⅴ. 主窗口

主窗口用来显示编程操作的工作对象。可以以程序编辑器、符号表、状态图、数据块及交叉引用等五种方式进行程序的编辑工作。以下说明这五种工作界面的用途。

(1)程序编辑器。程序编辑器是编程的主要界面,可以以 LAD、STL 及 FBD 三种主要编辑方式完成程序的编辑工作。点击菜单栏中"查看"菜单下的 LAD、STL 或 FBD,可以实现 LAD、STL 及 FBD 编程方式的转换。

(2)交叉索引。交叉索引提供 3 个方面的索引信息,即交叉索引信息、字节使用情况信息和位使用情况信息,使编程已用的及可用的 PLC 资源一目了然。

(3)数据块。数据块窗口可以设置和修改变量存储区内各种类型存储区的一个或多个变量值,并加必要的注释说明。

(4)状态图表。状态图表可将程序输入、输出等变量在该图中显示,在联机调试时监视各变量的值和状态。

(5)符号表。实际编程时为了增加程序的可读性,常用带有实际含义的符号作为编程元件代号,而不是使用元件在主机中的地址。例如某程序中安排输入口 I0.3 作为启动信号,为了防止读程序时忘记,在符号表中安排 Start 作为 I0.3 的代号,则程序中 I0.3 表示为 Start。符号表可用于建立自定义符号与直接地址之间的对应关系,并可附加注释,可以使程序清晰易读。

另外,主窗口的下部设有主程序、子程序及中断子程序的选择按钮。

Ⅵ. 输出窗口

输出窗口用来显示程序编译的结果信息,如各程序块(主程序、子程序的数量及子程序号、中断程序的数量及中断程序号)及各块的大小、编译结果有无错误、错误编码和位置等。

此外,从引导条中点击系统块或通信按钮,可对 PLC 运行的许多参数进行设置。如设置通信的波特率,调整 PLC 断电后机内电源数据保存的存储器范围,设置输入滤波参数及设置机器的操作密码等。

3. 编程操作

1) 程序文件操作

Ⅰ. 新建

建立一个程序文件,可用"文件(File)"菜单中的"新建(New)"命令,在主窗口中将显示新建程序文件的主程序区,也可用工具条中的按钮来完成。新建一个程序文件的指令树,系统默认新建的程序文件名为"项目1(CPU 226)",括号内为系统默认 PLC 的型号。

Ⅱ. 操作已有的文件

打开一个磁盘中已有的程序文件,只要点击"文件(File)"菜单中"打开(Open)"命令,在弹出的对话框中选择要打开的程序文件即可,也可用工具条的按钮来完成。

需要对已装入 PLC 中的程序做出修改时,需上载文件。在已与 PLC 建立通信的前提下,可用"文件(File)"菜单中"上载(Upload)"命令,也可用工具条中的按钮来完成。

2) 程序编辑

编辑和修改控制程序是 STEP 7 – Micro/WIN 编程软件最基本的功能,它可以为用户提供两套指令集,即 SIMATIC 指令集(S7 – 200 方式)和国际标准指令集(IEC 61131—3 方式)。现以梯形图编辑器为例介绍一些基本的编辑操作。

LAD 程序编辑窗口是 STEP 7 – Micro/WIN 编程软件的默认主窗口,打开新文件夹或点击引导条下程序块按钮就可以进入程序编辑器窗口。窗口中已经给出了左母线及 25 条梯形图支路的编辑位置。和许多图形或文本编辑器一样,LAD 程序编辑窗口提供一个方框形光标标志正在编辑的图形所在的位置。以下介绍程序的编辑过程和各种操作。

Ⅰ. 输入编辑元件

LAD 编辑器中有以下几种输入程序的方法。

(1)鼠标拖放。鼠标单击打开的指令树中的类别分支,选择指令标记,按住鼠标左键不放,将其拖到编辑器窗口内合适的位置上再松开鼠标左键。

(2)鼠标双击。双击指令树中选中的指令标记,该指令标记则出现在方框光标所在的位置。

(3)特殊功能键。按计算机键盘上的 F4、F6、F9 键,可分别打开触点、线圈、功能指令框的下拉列表,用鼠标单击合适的指令,该指令则出现在光标方框所在的位置。

(4)使用指令工具条上的编程按钮。单击"触点"、"线圈"和"指令盒"按钮,从弹出的窗口下拉菜单所列出的指令中选择要输入的指令单击即可。

Ⅱ. 元件间的连接

在一个梯形图支路中,如果只有编程元件的串联连接,输入和输出都无分叉,只需从网络的开始依次输入各编程元件即可,每输入一个元件,光标自动移动到下一列。但对于较复杂的梯形图结构,如并联触点、触点块,或梯形图分支,则要用工具条中"线段"按钮。

指令工具条中的"编程"按钮中含下行线、上行线、左行线和右行线四种。具体使用时应先将需连接的元件绘出来,将光标放在绘元件的地方,然后输入元件,再按需要选用"线段"按钮,即可实现元件间的连接。

Ⅲ.输入操作数

输入的元件上方均有红色的括号及问号,须点击问号将光标移到括号内,输入操作数的地址,元件的输入才算完整。

Ⅳ.插入和删除

编程中经常用到插入和删除一行、一列、一个网络、一个子程序或中断程序等。方法是在编程区右击要进行操作的位置,弹出下拉菜单,选择"插入(Insert)"或"删除(Delete)"选项,再在弹出的子菜单中,单击要插入或删除的操作。

对于元件剪切、复制和粘贴等方法也与上述操作相似。

Ⅴ.块操作

利用块操作对程序进行大面积删除、移动、复制十分方便。块操作包括块选择、块剪切、块复制和块粘贴。这些操作非常简单,与一般字处理软件中的相应操作方法完全相同。

除了LAD编程,STEP 7 – Micro/WIN编程软件还提供STL编程,并可以方便地将LAD与STL进行转换。此外,编程操作中还有符号表、局部变量表、注释等,这些是方便程序的编制与阅读的。在此不再详述。

3)程序的下载

编辑完成的程序可以点击工具条中的"下载"按钮进行下载。下载前软件将对待下载的程序进行编译,编译中若发现错误,则在输出窗口给出提示,并暂停执行下载。编译无误的程序下载后也会给出下载成功的提示。

4)程序的调试及运行监控

必须在梯形图程序状态操作开始之前选择程序状态监控的数据采集模式。执行菜单命令"调试"→"使用执行状态"后,进入执行状态,该命令行的前面出现一个"√"号。在这种状态模式,只有在PLC处于RUN模式时才刷新程序段中的状态值。

在RUN模式启动程序状态功能后,将用颜色显示出梯形图中各元件的状态,左边的垂直"电源线"和与它相连的水平"导线"变为蓝色。如果位操作数为1(为ON),其常开触点和线圈变为蓝色,它们中间出现蓝色方块,有"能流"流过的导线也变为蓝色。如果有能流流入方框指令的EN(使能)输入端,且该指令被成功执行时,方框指令的方框变为蓝色。定时器和计数器的方框为绿色时表示它们包含有效数据。红色方框表示执行指令时出现了错误。灰色表示无能流、指令被跳过、未调用或PLC处于STOP(停止)模式。

4.创建CPU密码

执行菜单命令"查看"→"组件"→"系统块",可以打开系统块。单击指令树中"系统块"文件夹的某一图标,可以直接打开系统块中对应的对话框。

打开系统块后,用鼠标单击左侧窗口中的某个图标,进入对应的对话框后,可以进行有关的参数设置。有的对话框中有"默认值"按钮,点击"默认值"按钮可以自动设置编辑软件推荐的设置值。

设置完成后,点击"确认"按钮确认设置的参数,并自动关闭系统块。设置完所有的参数后,需要通过系统块将新的设置下载到PLC,参数便存储在CPU模块的存储器中了。

1)密码的作用

S7-200 PLC 的密码保护功能提供四种限制存取 CPU 存储器功能的等级。各等级均有不需要密码就可以使用的某些功能。默认的是 1 级(没有设置密码),S7-200 PLC 提供不受限制的访问。如果设置了密码,只有输入正确的密码后,S7-200 PLC 才根据授权级别提供相应的操作功能。系统块下载到 CPU 后,密码才起作用。

2)密码的设置

点击"密码"图标,在系统块的"密码"对话框中,选择限制级别为 2~4 级,输入并核实密码,密码最多 8 位,字母不区分大小写。

3)忘记密码的处理

如果忘记了密码,必须清除存储器,重新下载程序。清除存储器会使 CPU 进入 STOP 模式,并将它设置为厂家设定的默认状态(CPU 地址、波特率和时钟除外)。

计算机与 PLC 建立连接后,执行菜单命令"PLC"→"清除",显示出"清除"对话框后,选择要清除的块,单击"清除"按钮。如果设置了密码,会显示一个"密码授权"对话框。在对话框中输入"CLEARPLC"(不区分大小写),确认后执行指定的清除操作。

清除 CPU 的存储器卡将关闭所有的数字量输出,模拟量输出将处于某一固定的值。如果 PLC 与其他设备相连,应注意输出的变化是否会影响设备和人身安全。

4)POU 和项目文件的加密

POU(Program Organizational Unit)即程序组织单元,包括主程序(OB1)、子程序和中断服务程序。可以单独对 POU 加密。

Ⅰ.加密 POU 的操作步骤

用鼠标右键点击指令树中要加密的 POU,执行弹出的快捷菜单中的"属性"命令。选择出现的对话框中的"保护"选项卡。

选中多选框"用密码保护本 POU",在"密码"文本输入框输入 4 位密码,在"验证"文本输入框再次输入相同的密码。点击"确认"按钮,退出对话框。在程序编辑器和指令树中,可以看到被加密的 POU 出现一把锁的图标,必须用密码才能打开它和查看程序的内容。程序下载到 CPU 后再上载,也保持加密状态。也可以选中多选框"用此密码保护所有 POU"。

Ⅱ.打开被加密的 POU

用鼠标右键点击指令树中被加密的 POU,执行弹出的快捷菜单中的"属性"命令。选择出现的对话框的"保护"选项卡。在"密码"文本输入框输入正确的密码,然后点击"验证"按钮,就可以打开 POU,查看其中的内容。

不知道已加密的 POU 的密码也一样可以使用它。虽然看不到程序的内容,在程序编辑器中可以查看其局部变量表中变量的符号名、数据类型和注释等信息。

西门子公司随编程软件 STEP 7-Micro/WIN 提供的库指令、指令向导自动生成的子程序和中断程序一般都加了密。

Ⅲ.项目文件的加密

使用 STEP 7-Micro/WINV4.0 及以上的版本,用户可以为整个项目文件加密,不知道密码的人无法打开项目。

执行菜单命令"文件"→"设置密码",在弹出的对话框中选中多选框"用密码保护本项目",输入最多16个字符的项目文件密码。密码可以是字母或数字的组合,区分大小写。下次打开该项目时,将被要求输入密码。

1.4.4　PLC 仿真软件

1. S7 - 200 PLC 的仿真软件

学习 PLC 除了阅读教材和用户手册外,更重要的是要动手编程和上机调试。有的读者苦于没有 PLC,缺乏试验条件,编写程序后无法检验是否正确,编程能力很难提高。PLC 的仿真软件是解决这一问题的理想工具。西门子的 S7 - 300/400 PLC 有非常好的仿真软件 PLCSIM。近年来在网上流行一种西班牙文的 S7 - 200 PLC 仿真软件,国内已有人将它部分汉化。在网上搜索"S7 - 200 PLC 仿真软件",可以找到该软件。

下载后,不需安装,直接运行其中的 S7 - 200. exe 文件,输入密码6596,就可进入仿真软件。该软件虽不能模拟 S7 - 200 PLC 的全部指令和全部功能,但是仍为一个很好的工具软件。

2. 硬件设置

执行菜单命令"配置"→"CPU 型号",在"CPU 型号"对话框的下拉式列表框中选择 CPU 的型号。用户还可以修改 CPU 的网络地址,一般使用默认的地址2。

CPU 模块右边空的方框是扩展模块的位置,双击紧靠已配置的模块右侧的方框,在出现的"配置控制模块"对话框中选择需要添加的 I/O 扩展模块。双击已存在的扩展模块,在"配置控制模块"对话框中选择"无",可以取消该模块。

图1.12中的 CPU 为 CPU 226,0号扩展模块是4通道的模拟量输入模块 EM 231,点击模块下面的"Configurar"按钮,在出现的对话框中可以设置模拟量输入的量程。模块下面的4个滚动条用来设置各个通道的模拟量输入值。

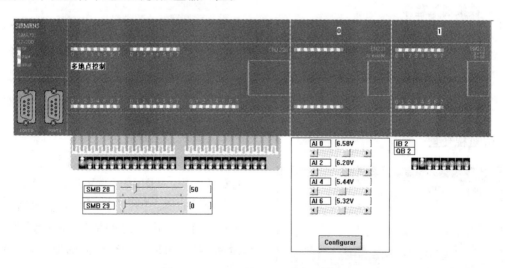

图1.12　S7 - 200 PLC 仿真软件画面

CPU 模块下面是用于输入数字量信号的小开关板,它上面有24个输入信号用的小开关,与 CPU 226 的24个输入点对应。它的下面有两个直线电位器,SMB28 和 SMB29 是 CPU 226

的两个模拟量输入电位器对应的特殊存储器字节,可以用电位器的滑动块来设置它们的值(0～255)。

3. 生成 ASCII 文本文件

仿真软件不能直接接收 S7 – 200 PLC 的程序代码,S7 – 200 PLC 的用户程序必须用"导出"功能转换为 ASCII 文本文件后,再下载到仿真软件中去。

在编程软件中打开一个编译成功的程序块,执行菜单命令"文件"→"导出",或用鼠标右键点击某一程序块,在弹出的菜单中执行"导出"命令,在出现的对话框中输入导出的 ASCII 码文本文件的文件名,默认的文件扩展名为". awl"。

如果在 OB1(主程序)上右击,将导出当前项目所有程序(包括子程序和中断程序)的 ASCII 码文本文件的组合。

如果在子程序或中断程序上右击,只能导出当前打开的单个程序的 ASCII 码文本文件。"导出"命令不能导出"数据块",可以用 Windows 剪贴板的剪切、复制和粘贴功能导出数据块。

4. 下载程序

生成文本文件后,点击仿真软件工具条中左边第二个按钮可以下载程序,一般选择下载全部块,按"确定"按钮后,在"打开"对话框中选择要下载的"＊. awl"文件。下载成功后,图的 CPU 模块中间的"多地点控制"是下载的程序的名称。同时会出现下载的程序代码文本框,可以关闭该文本框。

如果用户程序中有仿真软件不支持的指令或功能,点击"运行"后,不能切换到 RUN 模式,CPU 模块左侧的"RUN"LED 的状态不会变化。

如果仿真软件支持用户程序中的全部指令或功能,点击"运行"后,从 STOP 模式切换到 RUN 模式,CPU 模块左侧的"RUN"LED 的状态随之变化。

5. 模拟调试程序

用鼠标点击 CPU 模块下面的开关板上小开关上面黑色的部分,可以使小开关的手柄向上,触点闭合,PLC 输入点对应的 LED 变为绿色。控制模块的下面也有 4 个小开关。与用"真正"PLC 做实验相同,对于数字量控制,在 RUN 模式用鼠标切换各个小开关的状态,改变 PLC 输入变量的状态,通过模块上的 LED 观察 PLC 输出点的状态变化,可以了解程序执行的结果是否正确。

6. 监视变量

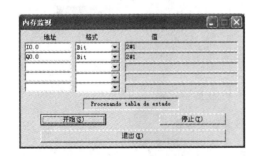

图 1.13 内存监视

执行菜单命令"查看"→"内存监视",在出现的对话框中(见图 1.13),可以监视 V、M、T、C 等内存变量的值。【开始】和【停止】按钮用来启动和停止监视。用二进制格式(Binary)监视字节、字和双字,可以在一行中同时监视多个位变量。

仿真软件还有读取 CPU 和控制模块的信息、设置 PLC 的实时时钟、控制循环扫描的次数和对 TD200 文本显示器仿真等功能。

习　题

1. 什么是 PLC？
2. 简述 PLC 的功能。
3. PLC 是如何分类的？简述其特点。
4. PLC 与传统的继电器控制系统、集散控制系统及工业控制计算机相比有何不同？
5. PLC 的发展趋势主要体现在哪几个方面？
6. PLC 主要由哪几部分组成？
7. 简述循环扫描工作原理。
8. 西门子 PLC 有哪几种工作模式？
9. PLC 常用的编程语言有哪几种？
10. 与 PLC 有关的著名网站、论坛有哪些？

项目2　电机控制

学习目标：

通过对本项目的学习,学会 PLC 外围电路简单接线,能用 PLC 实现电机点动、自锁、正反转、顺序启停、单按钮启停等控制。

2.1　电机控制工艺分析

1. 点动控制

点动控制即按下按钮时电机转动工作,松开按钮时电机停转。点动控制多用于机床刀架、横梁、立柱等快速移动和机床对刀等场合以及短时间就能完成且需要人监控的操作。点动控制的一般步骤为:按下启动按钮 SB1→接触器 KM1 线圈通电→KM1 主触点闭合→电机 M 通电启动运行;当松开按钮 SB1 时→接触器 KM1 线圈断电→KM1 主触点断开→电机 M 失电停机。

2. 自锁控制

自锁控制又称自保、启保停控制,就是通过启动按钮启动后让接触器线圈持续有电,保持接点通路状态。由启动、保持、停止和输出元件组成,该电路在梯形图中的应用很广。

1) 启动过程

按下启动按钮 SB1 并立即松开,接触器 KM1 线圈通电,KM1 的主触点闭合,电机启动运转并保持。

2) 停止过程

按下停止按钮 SB3,接触器 KM1 线圈断电,KM1 的主触点断开,电机停转。

在实际电路中,PLC 的数字量输出,都可以认为由自锁控制电路组成,只是启动、停止信号可能由多个触点组成的串、并联电路提供。由自锁控制电路再加上定时器等其他电路可以形成实际应用中的各种控制电路,是 PLC 控制中基础的基础。

3. 正反转控制

系统上电后,按下正向启动按钮 SB1,电机正转,此时反向启动按钮 SB2 不起作用;按下停止按钮 SB3,电机停止转动;再按下反向启动按钮 SB2,电机反转,此时正向启动按钮 SB1 不起作用;按下停止按钮 SB3,电机停止转动。

在上述三种控制电路中,起短路保护的是串接在主电路中的熔断器 FU。一旦电路发生短路故障,熔体立即熔断,电机立即停转。

起过载保护的是热继电器 FR。当过载时,热继电器的发热元件发热,将其常闭触点断开,相当于送入 PLC 一个停止信号,电机就停转。

2.2 PLC 寻址

PLC 的硬件系统中,与 PLC 的编程应用关系最直接的是数据存储器。计算机运行处理的是数据,数据存储在存储区中,找到待处理的数据一定要知道数据的存储地址。因而从 PLC 应用程序的编制来说,需熟知所用数据存储器和表达方式。

2.2.1 编程元件

PLC 和其他计算机一样,为了方便使用,数据存储器都做了分区,为每个存储单元编排了地址,并且经机内系统程序为每个存储单元赋予了不同的功能,形成了专用的存储元件。这就是前边提到过的编程"软"元件。为了理解的方便,PLC 的编程元件用"继电器"命名,认为它们像继电器一样具有线圈及触点,且线圈得电,触点动作。当然这些线圈和触点只是假想的,所谓线圈得电不过是存储单元置1,线圈失电不过是存储单元置0,也正因为如此,称之为"软"元件。这种"软"继电器也有个突出的好处,可以认为它们具有无数多对常开常闭触点,因为每取用一次它的触点,不过是读一次它的存储数据而已。S7 - 200 系列 PLC 存储器分区及编址范围见表2.1。

表2.1　S7 - 200 系列 PLC 存储器分区及编址范围

描述	CPU 221	CPU 222	CPU 224	CPU 226	CPU 226XM
用户程序大小	2 KB	2 KB	4 KB	4 KB	8 KB
用户数据大小	1 KB	1 KB	2.5 KB	2.5 KB	5 KB
输入映像寄存器(I)	I0.0 ~ I15.7	I0.0 ~ I15.7	I0.0 ~ I15.7	I0.0 ~ I15.7	I0.0 ~ I15.7
输出映像寄存器(Q)	Q0.0 ~ Q15.7	Q0.0 ~ Q15.7	Q0.0 ~ Q15.7	Q0.0 ~ Q15.7	Q0.0 ~ Q15.7
模拟量输入(只读)	—	AIW0 ~ AIW30	AIW0 ~ AIW62	AIW0 ~ AIW62	AIW0 ~ AIW62
模拟量输出(只写)	—	AQW0 ~ AQW30	AQW0 ~ AQW62	AQW0 ~ AQW62	AQW0 ~ AQW62
变量存储器(V)	VB0 ~ VB2047	VB0 ~ VB2047	VB0 ~ VB5119	VB0 ~ VB5119	VB0 ~ VB10239
局部存储器(L)	LB0 ~ LB63	LB0 ~ LB63	LB0 ~ LB63	LB0 ~ LB63	LB0 ~ LB63
位存储器(M)	M0.0 ~ M31.7	M0.0 ~ M31.7	M0.0 ~ M31.7	M0.0 ~ M31.7	M0.0 ~ M31.7
特殊存储器(SM,只读)	SM0.0 ~ SM179.7	SM0.0 ~ SM299.7	SM0.0 ~ SM549.7	SM0.0 ~ SM549.7	SM0.0 ~ SM549.7
	SM0.0 ~ SM29.7	SM0.0 ~ SM29.7	SM0.0 ~ SM29.7	SM0.0 ~ SM29.7	SM0.0 ~ SM29.7
定时器(T)	256(T0 ~ T255)	256(T0 ~ T255)	256(T0 ~ T255)	256(T0 ~ T255)	256(T0 ~ T255)
有记忆接通(延迟1 ms)定时器	T0,T64	T0,T64	T0,T64	T0,T64	T0,T64

描述	CPU 221	CPU 222	CPU 224	CPU 226	CPU 226XM
有记忆接通(延迟10 ms)定时器	T1～T4,T65～T68	T1～T4,T65～T68	T1～T4,T65～T68	T1～T4,T65～T68	T1～T4,T65～T68
有记忆接通(延迟100 ms)定时器	T5～T31,T69～T95	T5～T31,T69～T95	T5～T31,T69～T95	T5～T31,T69～T95	T5～T31,T69～T95
接通/关断(延迟1 ms)定时器	T32,T96	T32,T96	T32,T96	T32,T96	T32,T96
接通/关断(延迟10 ms)定时器	T33～T36,T97～T100	T33～T36,T97～T100	T33～T36,T97～T100	T33～T36,T97～T100	T33～T36,T97～T100
接通/关断(延迟100 ms)定时器	T37～T63,T101～T225	T37～T63,T101～T225	T37～T63,T101～T225	T37～T63,T101～T225	T37～T63,T101～T225
计数器(C)	C0～C255	C0～C255	C0～C255	C0～C255	C0～C255
高速计数器(HC)	HC0,HC3,HC4,HC5	HC0,HC3,HC4,HC5	HC0～HC5	HC0～HC5	HC0～HC5
顺序控制继电器(S)	S0.0～S31.7	S0.0～S31.7	S0.0～S31.7	S0.0～S31.7	S0.0～S31.7
累加寄存器(AC)	AC0～AC3	AC0～AC3	AC0～AC3	AC0～AC3	AC0～AC3
跳转/标号	0～255	0～255	0～255	0～255	0～255
调用子程序	0～63	0～63	0～63	0～63	0～63
中断程序	0～127	0～127	0～127	0～127	0～127
正/负跳变	256	256	256	256	256
PID 回路	0～7	0～7	0～7	0～7	0～7
端口	端口0	端口0	端口0	端口0,1	端口0,1

PLC 的品牌不同,编程元件的名称及功能也会有所不同,常用的编程元件一般有以下几类。

1. 输入继电器(I)

输入继电器(又称输入映像寄存器)用于接受及存储输入端子的输入信号。机箱上每个输入端子都有一个输入继电器与之对应。输入信号通过隔离电路改变输入继电器的状态,一个输入继电器在存储区中占一位。输入继电器的状态不被程序的执行所左右。

2. 输出继电器(Q)

输出继电器(又称输出映像寄存器)存储程序执行的结果。每个输出继电器在存储区中占一位,每一个输出继电器与一个输出口相对应。输出继电器通过隔离电路,将程序运算结果送到输出口并决定输出口所连接器件的工作状态。正常运行中输出继电器的状态只由程序的执行决定。

输出继电器用来将 PLC 的输出信号传递给负载,只能用程序指令驱动。程序控制能量流从输出继电器的线圈左端流入时,线圈通电(存储器位置1),带动输出触点动作,使负载工作。负载又称执行器(如接触器、电磁阀、LED 显示器等),它连接到 PLC 输出模块的输出接线端子,由 PLC 控制执行器的启动和关闭。

I/O 映像寄存器可以按位、字节、字或双字等方式编址。例:I0.1、Q0.1(位寻址)、QB1(字节寻址)。

3. 辅助继电器(M)

辅助继电器(又称内部标志位),是 PLC 中数量较大的一种编程元件。它不直接接受外界信号,也不能用来直接驱动输出元件,作用类似于继电器电路中的中间继电器。辅助继电器常用来存放逻辑运算的中间结果。编址范围为 M0.0 ~ M31.7。

4. 特殊辅助继电器(SM)

特殊辅助继电器是 PLC 中用于特殊用途的存储器。它可以作为用户与系统程序之间的界面,为用户提供一些特殊的控制功能及系统信息。用户操作的一些特殊要求也可以通过特殊辅助继电器通知系统。西门子 PLC 的特殊辅助继电器见表 2.2。

表 2.2　特殊辅助继电器功能表

特殊辅助继电器	功能	特殊辅助继电器	功能
SMB0	系统状态	SMB31 ~ SMB32	E²PROM 写控制
SMB1	错误提示	SMB34 ~ SMB35	定时中断的时间间隔寄存器
SMB2	自由端口接收缓冲区	SMB36 ~ SMB62	HSC0、1、2 寄存器
SMB3	自由端口奇偶校验错误	SMB66 ~ SMB85	PTO/PWM 寄存器
SMB4	队列溢出	SMB86 ~ SMB94	端口 0 接收信息控制
SMB5	I/O 错误状态	SMB98	扩展总线错误寄存器
SMB6	CPU 标志(ID)寄存器	SMB136 ~ SMB165	HSC3、4、5 寄存器
SMB8 ~ SMB21	I/O 模块标志与错误寄存器	SMB166 ~ SMB185	PTO0 和 PTO1 包络定义表
SMB22 ~ SMB26	扫描时间	SMB186 ~ SMB194	端口 1 接收信息控制
SMB28 ~ SMB29	模拟电位器	SMB200 ~ SMB549	智能模块状态
SMB30、SMB130	自由端口 0、1 控制寄存器	—	—

常见的特殊辅助继电器有以下几种。

(1)时基脉冲。时基脉冲是机内提供编程使用的时间基准信号,一般为等幅占空比为 50% 的脉冲串,时间间隔有毫秒脉冲、秒脉冲、分脉冲等(如 SM0.4、SM0.5)。在编程中时基脉冲可以理解为依一定时间间隔接通一次的常开触点。时基脉冲的一个典型应用是结合计数器用于时间控制。

(2)特殊状态标志。一些特殊辅助继电器可以标志 PLC 某些方面的状态,如开机状态、停止状态、运算结果状态、某些故障状态等。比如在西门子 S7 - 200 系列 PLC 中 SM0.0 为运行指示,只要机器处于运行状态,该位就保持接通(置 1)状态。而 SM0.1 为初始化脉冲,PLC 上电时,该位接通一个扫描周期。这些状态标志一般为位元件,是最典型的特殊标志位。

(3)特殊标志寄存器。这是用来设定机器功能的寄存器。PLC 的许多功能可以通过特殊标志位的设定选择参数,在通信、中断、高速计数器应用中使用很多。

特殊辅助继电器有读、写两种,以上提及的时间脉冲及标志机器状态的特殊辅助继电器一般为只读的。而为通信、中断等功能设定的特殊辅助继电器一般是可读可写的。

西门子 S7 - 200 系列 PLC 产品的特殊标志位可见本书的附录 A。

5. 定时器(T)

定时器相当于继电器系统中的时间继电器,用于时间控制。PLC 中定时器具有一个位元件,用来表示计时是否完成,还有一个字元件用来存储定时器的计时当前值,可以参与某些运算,因而称为位复合元件。

6. 计数器(C)和高速计数器(HC)

普通计数器主要用来对程序中反映的信号进行计数,称为机内计数器。高速计数器则用来对高于 PLC 扫描频率的机外脉冲计数。高速计数器一般工作在中断状态。计数器工作中需一个位元件及一个存储计数当前值的字元件,也称为位复合元件。

7. 数据存储器(V)

数据存储器(又称变量存储器),是用来存放"数字"类数据。PLC 中的运算数据有二、八、十、十六进制等,可以是整数,也可是浮点制小数。占用的存储单元可以是字节、字,也可以是双字。如 PID 指令的回路表、网络读写缓冲区及自由端口缓冲区等都要用到数据存储器。数据存储器一般比较大,某些机型的 PLC 还有专门的模拟量存储单元。

8. 顺序控制继电器(S)

顺序控制继电器(又称状态元件),用来组织机器操作或进入等效程序段工步,以实现顺序控制和步进控制。顺序控制继电器用于顺序功能图法编程。每一个顺序控制继电器可以用来代表控制状态中的一个步序,能为编程提供方便。顺序控制继电器可以按位、字节、字或双字来进行存取。

9. 局部存储器(L)

局部存储器和变量存储器很相似,主要区别在于局部存储器是局部有效的,变量存储器是全局有效的。全局有效是指同一个存储器可以被任何程序(如主程序、中断程序或子程序)存取,局部有效是指存储区和特定的程序相关联。

S7 - 200 PLC 有 64 个字节的局部存储器,编址范围为 LB0.0 ~ LB63.7。其中 60 个字节可以用作暂时存储器或者给子程序传递参数,最后 4 个字节为系统保留字节。S7 - 200 PLC 根据需要分配局部存储器。当主程序执行时,64 个字节的局部存储器分配给主程序;当中断或调用子程序时,将局部存储器重新分配给相应程序。局部存储器在分配时,PLC 不进行初始化,初始值是任意的。各程序不能访问别的程序的局部存储器。因为局部变量使用临时的存储区,子程序每次被调用时,应保证它使用的局部变量被初始化。

各 POU 有自己的局部变量表,局部变量在它被创建的 POU 中有效。数据存储器(V)是全局存储器,可以被所有的 POU 存取。

可以用直接寻址方式按字节、字或双字来访问局部存储器,也可以把局部存储器作为间接寻址的指针,但不能作为间接寻址的存储区域。

除上所述,PLC 中还有一些其他的编程元件,如标号(标志跳转、中断及子程序程序入口的元件)。但不是所有的 PLC 中都有,S7 - 200 系列 PLC 用软件解决跳转及子程序的标号问题。

2.2.2　寻址方式

编程软件的寻址涉及两个问题,一是某种PLC设定的编程元件的类型及数量,不同厂家、不同型号的PLC所含编程元件的类型、数量及命名标示法可能不一样;二是该种PLC存储区的使用方式,即寻址方式,如何表达操作数。寻址方式包括立即数寻址、直接寻址和间接寻址。

1. 立即数寻址

立即数寻址实质上是常数的使用方式,这与数字的表达形式有关,单就十进制数字来说,表达1位数字就需存储单元4位。或者反过来说,一定长度的存储单元能存储的一定表达形式的数字范围是有限的。表2.3给出了不同数据长度表示的十进制和十六进制数的范围。它从需要的角度说明了寻址的必要性。

表2.3　不同数据长度表示的十进制和十六进制数的范围

数据长度	字节(B)	字(W)	双字(D)
无符号整数	0 ~ 255	0 ~ 65 535	0 ~ 4 294 967 295
	0 ~ FF	0 ~ FFFF	0 ~ FFFFFFFF
符号整数	− 128 ~ + 127	− 32 768 ~ + 32 767	− 2 147 483 648 ~ + 2 147 483 647
	80 ~ 7F	8000 ~ 7FFF	80000000 ~ 7FFFFFFF
实数 IEEE32位浮点数	—	—	+ 1.175 495E − 38 ~ + 3.402 823E + 38(正数)
			− 1.175 495E − 38 ~ − 3.402 823E + 38(负数)

CPU以二进制方式存储常数,常数也可以用十进制、十六进制、ASCII码或浮点数形式来表示。PLC中常数的表示方法见表2.4。

表2.4　PLC中常数的表示方法

常数	举例
二进制格式	2#10100101
十进制常数	28 466
十六进制常数	16#4EDA
ASCII码常数	'S7-200'
实数或浮点数格式	+ 1.43E − 20(正数)
	− 2.86E − 15(负数)

2. 直接寻址

直接寻址实质上是存储单元的使用方式,也涉及存储数据的类型及长度。存储的数据是逻辑量的"真"或"假"时,只占用存储单元的1位。为了合理地使用存储器,各种PLC的存储单元都做到了既可以按位的形式使用,也可按字节、字及双字使用,但不同厂家、不同牌号的PLC地址的标示方法不尽相同。下面以S7 - 200系列PLC地址的表示方法说明直接寻址方式。

1)位寻址(1 位)

位寻址是针对逻辑变量存储的寻址方式。地址中需指出存储器位于哪一个区、字节的编号及位号。图2.1为位寻址的例子,图2.1(a)为位地址的表示方法,I3.4 在输入存储区中的位置已标明在图2.1(b)中。

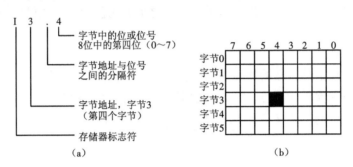

图2.1 位寻址

(a)位地址表示方法 (b)对应的位置

2)字节寻址(8 位)

字节寻址在数据长度短于1 个字节时使用。字节寻址标示存储区的类型及字节的编号。以存储区标志符、字节标志符和字节地址组合而成,如图2.2 所示。

3)字寻址(16 位)

字寻址用于数据长度小于2 个字节的场合。字寻址以存储区标志符、字标志符及首字节地址组合而成,如图2.3 所示。

4)双字寻址(32 位)

双字寻址用于数据长度需4 个字节的场合。双字寻址以存储区标志符、双字标志符及首字节地址组合而成,如图2.4 所示。

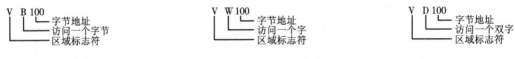

图2.2 字节寻址表示方法　　**图2.3 字寻址表示方式**　　**图2.4 双字寻址表示方式**

在选用了同一字节地址作为起始地址分别以字节、字及双字寻址时,其所表示的地址空间是不同的。图2.5 中给出了 VB100、VW100、VD100 三种寻址方式所对应的 3 个存储单元所占的实际存储空间,这里要注意的是,"VB100"是最高有效字节,而且存储单元不可重复使用。

一些存储数据专用的存储单元不支持位寻址方式,如模拟量输入、输出存储器,累加器及计时、计数器的当前值存储器等。还有一些存储器的寻址方式与数据长度不方便统一,如累加器不论采用字节、字或双字寻址,都要占用全部 32 位存储单元。与累加器相反,模拟量输入、输出单元为字标号,但由于 PLC 中多规定模拟量为 16 位,模拟量单元寻址均以偶数标志。

5)绝对地址与符号地址

可以用数字和字母组成的符号来代替存储器的地址,符号地址便于记忆,使程序更容易理解。程序编译后下载到 PLC 时,所有的符号地址被转换为绝对地址。程序编辑器中的地址举例如下。

(1)I0.0:绝对地址,由内存区和地址组成。(SIMATIC 程序编辑器用)

(2)%I0.0:绝对地址,百分比符号放在绝对地址之前。(IEC 程序编辑器用)

(3)#INPUT1:符号地址,"#"号放在局部变量之前。(SIMATIC 或 IEC 程序编辑器用)

(4)"INPUT1":全局符号名。(SIMATIC 或 IEC 程序编辑器用)

(5)?? . ?或????:红色问号,表示一未定义的地址,在程序编译之前必须定义。

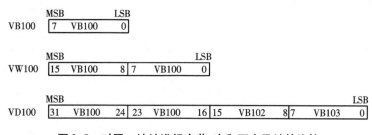

图2.5 对同一地址进行字节、字和双字寻址的比较
MSB—最高有效位;LSB—最低有效位

3. 间接寻址

间接寻址是指使用地址指针来存取存储器中的数据。使用前,首先将数据所在单元的内存地址放入地址指针寄存器中,然后根据此地址存取数据。S7 - 200 PLC 的 CPU 中允许使用指针进行间接寻址的元件有 I、Q、V、M、S、T、C。

建立内存地址的指针为双字长度(32 位),故可以使用 V、L、AC 作为地址指针。必须采用双字传送指令(MOVD)将内存的某个地址移到指针当中,以生成地址指针。指令中的操作数(内存地址)必须使用"&"符号表示内存某一位置的地址(长度为 32 位)。用" * "访问该指针所指向的存储单元,这与 C 语言中的指针是一致的。

2.2.3 S7 -200 PLC 指令集

S7 - 200 PLC 共有百余条指令,分为基本指令及功能指令。基本指令主要是逻辑运算指令,一般含触点及线圈(基本逻辑)指令、定时器和计数器指令、算术和逻辑运算指令、数据处理指令及程序流程指令,是使用频率最高的指令。功能指令则是为数据运算及一些特殊功能设置的指令,如传送比较、加减乘除、循环移位、程序流程、中断及高速处理等。基本分类见表2.5。(本书附录 B 中给出了西门子 S7 - 200 系列 PLC 的指令总表)

指令的学习及应用要注意 3 个方面的问题。其一是指令的表达形式,每条指令都有梯形图与指令表两种表达形式,也就是说每条指令都有图形符号和文字符号,这是使用者要记住的;其二是每条指令都有各自的使用要素,如定时器是用来计时的,计时自然离不开计时的起点及计时时间的长短,指令中一定要表现这两个方面的内容,这也就是指令的要素;其三是指令的功能,一条指令执行过后,机内哪些数据出现了哪些变化是编程者特别要把握的。

一般来说,编写一段程序时,单独使用梯形图或单独使用语句表都是可行的。但它们也是一个整体,在某种类型 PLC 程序中,梯形图与语句表有着严格的对应关系。

西门子公司还有一些特别指令,用在某些控制中(如通信),这需要单独购买安装。

表2.5　S7 – 200 PLC **指令集**

一级分类	二级分类	三级分类
基本指令	位逻辑指令	位逻辑指令11个
		定时器指令5个
		计数器指令3个
		比较指令26个
	算术、逻辑运算指令	逻辑运算指令12个
		整数运算指令16个
		浮点数运算指令11个
	数据处理指令	传送指令10个
	程序控制指令	程序控制指令12个
		子程序指令1个
		移位/循环指令13个
功能指令(应用指令)	表功能指令	表功能指令5个
	转换指令	转换指令23个
	中断指令	中断指令6个
	高速处理指令	高速计数指令2个
		脉冲输出指令1个
		立即类指令5个
	其他功能指令	时钟指令4个
		通信指令6个
		字符串指令6个

由于PLC的指令实质上是计算机的指令,是数据处理的说明,指令所涉及数据的类型、数据的长短及数据存储器的范围对正确地使用指令有着很重要的意义。

2.3　位操作指令

触点、线圈及逻辑堆栈指令是PLC指令中的基本指令,使用要素相对较少。使用时主要是要弄清指令的逻辑含义及指令在两种表达形式(梯形图与语句表)中的对应关系。下面以S7 – 200 PLC指令为主介绍触点、线圈指令。

2.3.1　触点指令

触点指令是PLC中应用最多的指令。触点可分为常开触点及常闭触点,又以其在梯形图中的位置分为和母线相连的常开触点或常闭触点、与前边触点串联的常开或常闭触点及与其他触点并联的常开或常闭触点。表2.6为S7-200 PLC的触点指令。

表2.6 S7-200 PLC触点指令

指令			梯形图符号	操作数	指令功能
标准触点	常开	LD	⊢⊣ ⊢	I、Q、V、M、SM、S、T、C、L、能流	常开触点与左侧母线相连接
		A	⊣ ⊢		常开触点与其他程序段相串联
		O	⊣ ⊢		常开触点与其他程序段相并联
	常闭	LDN	⊢⊣/⊢		常闭触点与左侧母线相连接
		AN	⊣/⊢		常闭触点与其他程序段相串联
		ON	⊣/⊢		常闭触点与其他程序段相并联
立即触点	常开	LDI	⊢⊣ I ⊢	I	常开立即触点与左侧母线相连接
		AI	⊣ I ⊢		常开立即触点与其他程序段相串联
		OI	⊣ I ⊢		常开立即触点与其他程序段相并联
	常闭	LDNI	⊢⊣/I⊢		常闭立即触点与左侧母线相连接
		ANI	⊣/I⊢		常闭立即触点与其他程序段相串联
		ONI	⊣/I⊢		常闭立即触点与其他程序段相并联
取反		NOT	⊣ NOT ⊢	—	对能流输入的状态取反
正负跳变	正	EU	⊣ P ⊢	—	检测到一次正跳变,能流接通一个扫描周期
	负	ED	⊣ N ⊢	—	检测到一次负跳变,能流接通一个扫描周期

1.标准触点指令

常开触点对应的存储器地址位为1状态时,该触点闭合,是相应位的原状态。在语句表中,分别用LD(Load,装载)、A(And,与)和O(Or,或)指令来表示开始、串联和并联的常开触点。常闭触点对应的存储器地址位为 0 状态时,该触点闭合,是相应位的反(非)状态。在语句表中,分别用 LDN(Load Not)、AN(And Not)和 ON(Or Not)来表示开始、串联和并联的常闭触点。触点符号中间的"/"表示常闭,触点指令中变量的数据类型为 BOOL 型。

2. 立即触点

立即触点指令只能用于输入,执行立即触点指令时,立即读入物理输入点的值,根据该值决定触点的接通/断开状态,这类似单片机中的读引脚,但是并不更新该物理输入点对应的映像寄存器。在语句表中,分别用 LDI、AI、OI 来表示开始、串联和并联的常开立即触点,用 LD-NI、ANI、ONI 来表示开始、串联和并联的常闭立即触点。触点符号中间的"I"和"/I"表示立即常开和立即常闭。

2.3.2 线圈指令

线圈指令用来表达一段程序的运算结果。线圈指令含普通线圈指令、置位及复位线圈指令、立即线圈指令等类型。表 2.7 为 S7 – 200 PLC 线圈指令。

表 2.7 S7 – 200 PLC 线圈指令

指令		梯形图符号	数据类型	操作数	指令功能
输出	=	─( )	BOOL	I、Q、V、M、SM、S、T、C、L	将运算结果输出到某个继电器
立即输出	=I	─(I)	BOOL	Q	立即将运算结果输出到某个继电器
置位	S	─(S)N	BOOL	I、Q、M、SM、S、T、C	从指定地址开始的 N 个继电器被置位
复位	R	─(R)N	BOOL	I、Q、V、M、SM、S、T、C、L	从指定地址开始的 N 个继电器被复位
立即置位	SI	─(SI)N	BOOL	I、Q、V、M、SM、S、T、C、L	从指定地址开始的 N 个继电器被立即置位
立即复位	RI	─(RI)N	BOOL	I、Q、V、M、SM、S、T、C、L	从指定地址开始的 N 个继电器被立即复位

1. 输出(=)

输出指令与线圈相对应,驱动线圈的触点电路接通时,线圈流过"能流",指定位对应的映像寄存器为 1,反之则为 0。输出指令将栈顶值复制到对应的映像寄存器。输出类指令应放在梯形图的最右边,变量为 BOOL 型。线圈是物理的,是唯一的,应避免"双线圈"。

2. 立即输出(=I)

立即输出指令只能用于输出量,执行该指令时,将栈顶值立即写入指定的物理输出位和对应的输出映像寄存器。线圈符号中的"I"表示立即输出。

3. 置位(S)与复位(R)

执行置位(置 1)与复位(置 0)指令时,从指定位地址开始的 N 个点的映像寄存器都被置位或复位,N = 1 ~ 255,并保持该状态,即使条件失去(自锁功能)。如果被指定复位的是定时器位(T)或计数器位(C),将清除定时器/计数器的当前值。当置位、复位输入同时有效时,复位优先。

编程时,置位、复位线圈之间间隔的网络个数任意。置位、复位线圈通常成对使用,也可以单独使用或与指令盒配合使用。

4. 立即置位(SI)与立即复位(RI)

执行立即置位或立即复位指令时,从指定位地址开始的 N 个连续的物理输出点将被立即置位或复位,$N = 1 \sim 128$。线圈符号中的"I"表示立即。该指令只能用于输出量,新值被同时写入对应的物理输出点和输出映像寄存器。使 S、R、SI 和 RI 指令 ENO(使能输出)= 0 的错误条件为 SM4.3(运行时间)、0006(间接寻址)、0091(操作数超出范围)。

2.3.3　其他指令

1. 取反(NOT)

取反触点将它左边电路的逻辑运算结果取反,运算结果若为 1 则变为 0,为 0 则变为 1,该指令没有操作数。能流到达该触点时即停止,若能流未到达该触点,该触点给右侧供给能流。NOT 指令将堆栈顶部的值 0 改为 1,或由 1 改为 0。

2. 跳变触点

正跳变触点检测到一次正跳变(触点的输入信号由 0 变为 1)时或负跳变触点检测到一次负跳变(触点的输入信号由 1 变为 0)时,触点接通一个扫描周期。正/负跳变指令的助记符分别为 EU(Edge Up,上升沿)和 ED(Edge Down,下降沿),它们没有操作数,触点符号中间的"P"和"N"分别表示正跳变和负跳变。

3. 空操作指令

空操作指令,起增加程序容量的作用。使能输入有效时,执行空操作指令,将稍微延长扫描周期长度,不影响用户程序的执行,不会使能流断开。操作数 $N = 0 \sim 255$,为执行该操作指令的次数。

2.3.4　编程规约

PLC 按照其特有循环扫描方式,执行存储器中的用户程序,因此在梯形图编程时,首先要保证指令顺序的正确性,同时还应遵守一些规则,以提高程序效率。

1. 梯形图编程规则

(1)梯形图编程遵循从上到下、从左到右、左重右轻、上重下轻的规则。每个逻辑行起于左逻辑母线,止于线圈或一个特殊功能指令(有的 PLC 止于右逻辑母线)。通常,并联支路应靠近左逻辑母线,在并联支路中,串联触点多的支路应安排在上边。

(2)梯形图中的触点,一般应当画在水平支路上,不含触点的支路放在垂直方向,可使逻辑关系清晰,便于阅读检查和输入程序,避免出现无法编程的梯形图,如桥式电路。

(3)线圈不能直接与左逻辑母线相连。如果需要(即无条件)可以借助于一个在程序中未用到的内部辅助继电器的常开触点。

(4)线圈的右边不能再接任何触点,这是与继电器控制电路的不同之处。但对每条支路可串联的触点数并未限制,且同一触点可以使用无限多次。

梯形图程序推荐画法如图 2.6、图 2.7 所示。

图2.6 梯形图程序推荐画法一

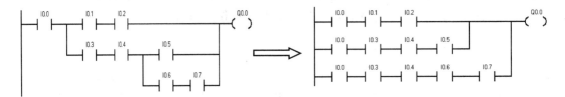

图2.7 梯形图程序推荐画法二

2. 西门子PLC编程规约

1)EN、ENO与AENO

在梯形图中,用方框表示功能指令,在SIMATIC指令系统中将这些方框称为指令盒(Box),在IEC 1131—3指令系统中将它们称为功能块。功能块的输入端均在左边,输出端均在右边(见图2.8)。梯形图中有一条提供能流的左侧垂直母线,图中常开触点I0.4接通时,能流流到功能块DEC_B的数字量输入端EN(Enable IN,使能输入),该输入端有能流时,功能块DEC_B才能被执行。

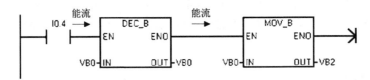

图2.8 EN与ENO

如果功能块在EN处有能流而且执行时无错误,则ENO(Enable OUT,使能输出)将能流传递给下一元件。如果执行过程中有错误,能流在出现错误的功能块终止。

EN和ENO的操作数均为能流,数据类型为BOOL型。梯形图的功能块指令右侧的输出连线为使能输出端ENO,用于指令盒或输出线圈的串联,不串联元件时,作为指令盒的结束。

图中的功能块DEC_B表示将字节变量VB0的值减1,并将结果送回VB0,该功能块的输入和输出可以是不同的变量。语句表中没有EN输入,对于要执行的语句表指令,栈顶的值必须为1,指令才能执行。

与梯形图中的ENO相对应,语句表设置了ENO位,可用AENO(And ENO)指令存取ENO位,AENO用来产生与功能块的ENO相同的效果。该指令是和前面的指令盒输出端ENO进行逻辑与运算,只能在语句表中使用。

S7-200 PLC系统手册的指令部分给出了指令的描述,使ENO=0的错误条件,受影响的SM位,指令支持的CPU型号和操作数表,给出了每个操作数允许的存储器区、寻址方式和数据类型。

2）网络（同欧姆龙 PLC 中的梯级）

在梯形图中，程序被划分为被称为网络（Network）的独立的段，网络由触点、线圈和功能块组成。在梯形图中给出了网络的编号。能流只能从左往右流动，网络中不能有断路、开路和反方向的能流。每个网络只能有一个运算结果，否则编译出错。西门子 PLC 使用了网络，便于程序的结构化设计，使复杂的控制简单化；有利于调试、查错修改，易于编写长的控制程序；程序简明易懂，便于阅读和交流；允许以网络为单位给梯形图程序加注释。

语句表程序不使用网络，如果用"网络"这个关键词对程序分段，可以将语句表程序转换为梯形图程序。

3）指令的输入与输出

必须有能流输入才能执行的功能块或线圈指令称为条件输入指令，它们不能直接连接到左侧母线上。有的线圈或功能块的执行与能流无关，如标号指令 LBL 和顺序控制指令 SCR 等，称为无条件输入指令，应将它们直接接在左侧母线上。

不能级连的指令块没有 ENO 输出端和能流流出。JMP、CRET、LBL、NEXT、SCR 和 SCRE 等属于这类指令。

触点比较指令没有能流输入时，输出为 0；有能流输入时，输出与比较结果有关。

4）其他规约

"→"是一个开路符号，或需要能流连接。

"→⊢"表示输出是一个可选的能流，用于指令的级连。

"→≫"表示有一个值或能流可以使用。

3. PLC 基本控制电路

在 PLC 编程中，对有些基本电路（程序）必须非常熟练，只有做到任意修改，编程时才能得心应手。这些程序有初始化、点动、自锁、互锁、振荡、报警、启停控制、模拟量变换、工作模式程序等，将在后面的项目中一一练习。

2.4　电机控制系统设计

2.4.1　资源分配

在电机控制中有 4 个输入，2 个输出，用于自锁、互锁的触点无须占用外部接线端子，而是由内部"软开关"代替，故不占用 I/O 点数，资源分配见表 2.8。

表 2.8　电机的正反转控制资源分配表

类别	名称	I/O 地址	作用（可变）
输入	SB1	I0.0	正转按钮
	SB2	I0.1	反转按钮
	SB3	I0.2	停止按钮
	FR	I0.3	热继电保护

类别	名称	I/O 地址	作用(可变)
输出	KM1	Q0.0	正转接触器
	KM2	Q0.1	反转接触器

2.4.2 硬件接线

图 2.10 是 PLC 控制电机的原理图,为方便起见,点动、自锁、正反转使用同一个电路。应说明的是,西门子 PLC 面板上标有"M"的端子可作为公共端。而有几个输入、输出端子可共用一个"M"端,应视具体机型而定。另外,图中输入侧的直流电源由 PLC 提供,而输出侧的电源需另配备。图 2.11 为电机控制主电路。

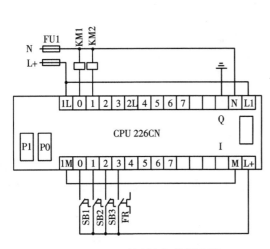

图 2.10　PLC 控制电机的原理图

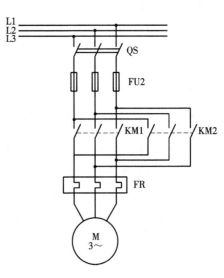

图 2.11　电机控制主电路

2.4.3 控制程序

1. 电机点动控制

图 2.12 为电机点动控制的参考梯形图程序。

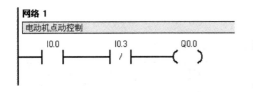

图 2.12　电机点动控制梯形图程序

2. 电机自锁控制

图 2.13(a)为电机自锁控制的参考梯形图程序。

分析　该控制方式最主要的特点是具有"记忆"功能,按下启动按钮,I0.0 的常开触点接通,如果这时未按停止按钮,I0.1 的常闭触点接通,Q0.0 的线圈通电,它的常开触点同时接通。放开启动按钮,I0.0 的常开触点断开,能流经 Q0.0 的常开触点和 I0.1 的常闭触点流过 Q0.0 的线圈,Q0.0 仍为 ON,这就是所谓的"自锁"

或"自保持"功能。按下停止按钮,I0.1 的常闭触点断开,使 Q0.0 的线圈断电,其常开触点断开,以后即使放开停止按钮,I0.1 的常闭触点恢复接通状态,Q0.0 的线圈仍然断电。这种功能也可以用图 2.13(b)中的 S 和 R 指令来实现。

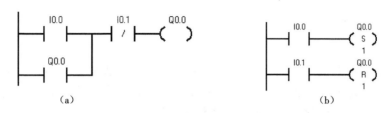

图 2.13 自锁控制梯形图程序

(a)程序一 (b)程序二

3. 电机正反转控制

图 2.14 为电机正反转控制的参考梯形图程序。

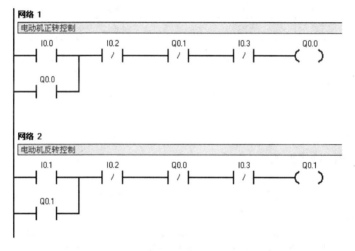

图 2.14 电机正反转控制梯形图程序

分析 按下正转按钮 I0.0,同时 Q0.0 接通(电机正转)、封锁反转支路(反转按钮不起作用);按下停止按钮 I0.2,正转支路失电,反转封锁解除;按下反转按钮 I0.1,同时 Q0.1 接通(电机反转)、封锁正转支路(正转按钮不起作用)。I0.3 起热继电保护作用。

4. 电机单按钮启停

电机单按钮启停,即用一只按钮控制电机。第一次按下按钮电机启动,第二次按下按钮电机停止。图 2.15 为电机单按钮启停参考梯形图程序。

分析 在很多设备中,一个按钮在不同的状态下,具有不同的作用。利用软件定义按钮的作用,可简化硬件结构,提高自动化程度。该控制中,开始时,也就是电机在停止状态,按钮的作用是启动;而电机运行后,按钮的作用是停止。

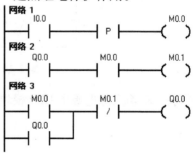

图 2.15 电动机单按钮启停梯形图程序

2.5 拓展实训:多地点控制

2.5.1 控制要求

在不同地点实现对同一对象的控制称为多地点控制,这也是继电器控制中常见的问题。假设在 3 个不同的地方 A、B、C 独立控制同一盏灯 D,任何一个开关动作都可以使灯的状态发生改变,即不管开关是开还是关,只要开关动作则灯的状态就改变。

资源分配,该系统仅需要 3 个输入,1 个输出,表 2.9 是多地点控制的资源分配表。

表 2.9　多地点控制资源分配表

项目	名称	I/O 地址	作用
输入	SB1	I0.1	A 地开关
	SB2	I0.2	B 地开关
	SB3	I0.3	C 地开关
输出	HL	Q0.0	灯 D

2.5.2 硬件接线

多地点控制硬件接线如图 2.16 所示。

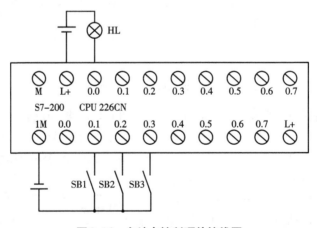

图 2.16　多地点控制硬件接线图

说明:PLC 输入侧电源由 CPU 模块提供,输出侧 12 V 由专门直流电源提供。

2.5.3　控制程序

1. 方案一

该方案采用经验法编程（梯形图程序如图 2.17 所示），在逻辑分析上有一定难度，且不易找出其中的规律。

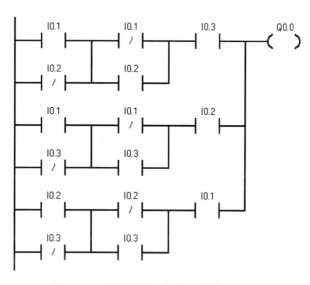

图 2.17　多地点控制方案一的梯形图程序

2. 方案二

利用数字电路中组合逻辑电路的设计方法，规定输入量为逻辑变量，输出量为逻辑函数；常开触点为原变量，常闭触点为反变量，这样可以把继电器控制的逻辑变成数字逻辑关系，见表 2.10。表中 SB1、SB2、SB3 代表输入控制开关，HL 代表灯，真值表按照相邻两行只允许一个输入量变化的规则排列，便可满足控制要求，据此真值表可以写出输出与输入之间的逻辑函数关系式：

$$HL = \overline{SB1} \cdot \overline{SB2} \cdot SB3 + \overline{SB1} \cdot SB2 \cdot \overline{SB3} + SB1 \cdot SB2 \cdot SB3 + \overline{SB1} \cdot \overline{SB2} \cdot SB3$$

表 2.10　三地控制一盏灯逻辑函数真值表

SB1	SB2	SB3	HL
0	0	0	0
0	0	1	1
0	1	1	0
0	1	0	1
1	1	0	0
1	1	1	1
1	0	1	0
1	0	0	1

据逻辑关系式得梯形图程序如图2.18所示。

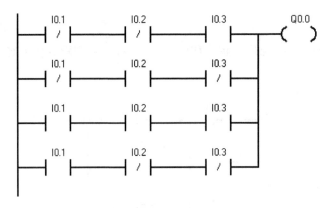

图2.18　多地点控制方案二的梯形图

3.方案三(利用异或指令)

上述方案在扩展到多个开关、多个控制对象时并不方便,使用正负跳变指令可方便地实现控制目的。梯形图程序如图2.19所示。

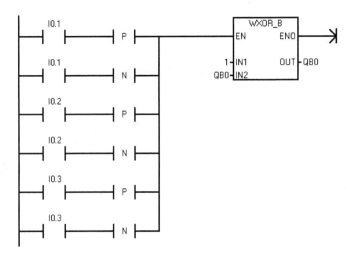

图2.19　多地点控制方案三的梯形图

4.方案四

利用比较指令,只要VB100中的内容与IB0中的内容不同,就将IB0中的内容存到VB100中,并对Q0.0取反(异或指令)。梯形图程序如图2.20所示。

从上面的编程方案可以看出,由于PLC有丰富的指令集,编程十分灵活。同样的控制要求可以选用不同的指令进行编程,指令运用得当可以使程序非常简短、思路清晰。这一点是继电器控制所无法比拟的。而且因为PLC的本质是具有计算机的特点,其编程思路与继电器控制的设计思想有许多不同之处,如果只拘泥于继电器控制思想,则难以编出好程序。特别是后面的高级指令,诸如比较、码变换及各种运算指令,其功能十分强大,这正是PLC的精华所在,学好这类指令可以把读者带入更高的境界。

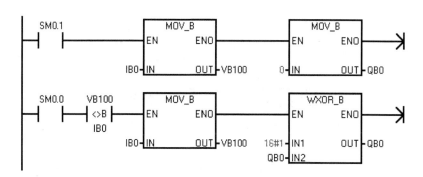

图2.20　多地点控制方案四的梯形图

习　　题

1. PLC 的编程元件有哪些？各有什么作用？
2. 试设计三八译码器。要求输入为 I0.0、I0.1、I0.2,输出为 Q0.0 ~ Q0.7。
3. 试将本项目电机基本控制程序进行仿真。
4. 试设计八三编码器,输入为 I0.0 ~ I0.7,输出为 Q0.0 ~ Q0.2。

项目3 交通灯控制

学习目标:

　　通过对本项目的学习,能分析交通灯控制工艺要求,学会定时器和计数器的应用,能设计报警输出程序。

3.1 交通灯控制工艺分析

　　最简单的交通信号灯可用于十字交叉路口的交通管制。图3.1是交通信号灯设置示意图。现假定交叉的道路是南北向及东西向。每个方向各有红绿黄三色信号灯,这些灯点亮的时序图如图3.2所示。图3.2是按灯置1与置0两种状态绘的,置1表示灯点亮,置0表示灯熄灭。一个周期内6只信号灯亮灭的时间均已标在图中。灯在控制开关打开后是依周期不断循环的。

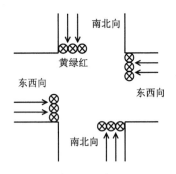

图3.1 十字路口交通灯设置示意图

3.2 定时器与计数器指令

3.2.1 定时器指令

　　定时器指令用来规定定时器的功能,表3.1为西门子S7-200系列PLC定时器指令表。

3条指令规定了三种不同功能的定时器。在有些品种的PLC中可能只有接通延时定时器而没有断开延时定时器,如三菱公司的FX2系列PLC就是这样。

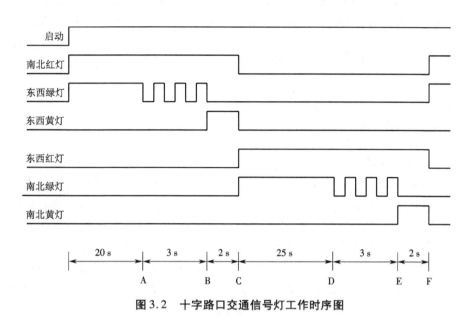

图3.2　十字路口交通信号灯工作时序图

表3.1　定时器指令

指令的表达形式	接通延时定时器	有记忆接通延时定时器	断开延时定时器
	TON Txx,PT	TONR Txx,PT	TOF Txx,PT
	IN　　TON PT　　???ms	IN　　TONR PT　　???ms	IN　　TOP PT　　???ms
操作数的范围及类型	Txx:(WORD)常数T0~T255 IN:(BOOL) I,Q,V,M,SM,S,T,C,L,能流 PT:(INT)IW,QW,VW,MW,SMW,T,C,LW,AC,AIW,∗VD,∗LD,∗AC,常数		

1. S7-200 PLC定时器的基本要素

1)编号、类型及分辨率

S7-200 PLC配置了256个定时器,编号为T0~T255。定时器有1、10、100 ms三种分辨率,编号和类型与分辨率有关,有记忆的定时器均是接通延时型的,无记忆的定时器可通过指令指定为接通延时或关断延时型。

2)预置值

预置值也称设定值。预置值即编程时设定的延时时间的长短。PLC定时器采用时基计数及与预置值比较的方式确定延时时间是否到达。时基计数值称为当前值,存储在当前值寄存器中。预置值在使用梯形图编程时,标在定时器功能块的"PT"(Preset Time)端。定时器和计数器的预置值的数据类型均为整数,除了常数外,还可以用VW、IW等作它们的预置值。

3)工作条件

工作条件也称使能输入。从梯形图的角度看,定时器功能块中"IN"端连接的是定时器的工作条件。对于接通延时定时器来说,有能流流到"IN"端时开始计时;对于关断延时定时器来说,能流从有变到无时开始计时。对无记忆的定时器来说,工作条件失去,如延时接通定时器能流从有变到无时,无论定时器计时是否达到预置值,定时器均复位,前边的计时值清0;对于有记忆定时器来说,可累计分断的计时时间,这种定时器的复位就得靠接在复位端的复位指令了。

4)工作对象

工作对象指定时间到时,利用定时器的触点控制元件或工作过程。

S7 – 200 PLC 定时器的工作过程可以描述如下。

(1)每个定时器均有一个16位当前值寄存器及一个1位的状态位:T – Bit(反映其触点状态)。接通延时定时器和有记忆接通延时定时器在 IN 端接通,定时器的当前值大于等于PT 端的预置值时,该定时器位被置位。当达到预设时间后,接通延时定时器和有记忆接通延时定时器继续计时,一直计到最大值32 767,若工作条件未失去,则保持最大值32 767。此外,使用定时器的当前值可扩大控制范围,编程思路清晰、逻辑简单、灵活方便。

(2)断开延时定时器在使能输入 IN 端接通时,定时器位立即接通,并把当前值设为0。当 IN 端断开时启动计时。当达到预设时间值 PT 时,定时器位断开,并且停止当前值计数。当输入断开的时间短于预置值时,定时器位保持接通。

下面给出接通延时定时器使用的示例程序。

【例3.1】 表3.2为接通延时定时器指令应用示例。当 I0.0 接通时定时器 T37 开始计时,计时到预置值 1 s 时状态位置 1,其常开触点接通,驱动 Q0.0 输出;其后当前值仍增加,但不影响状态位。当 I0.0 分断时,T37 复位,当前值清 0,状态位也清 0,即回复原始状态。若 I0.0 接通时间未到预置值就断开,则 T37 跟随复位,Q0.0 不会输出。

表 3.2　接通延时定时器指令应用示例

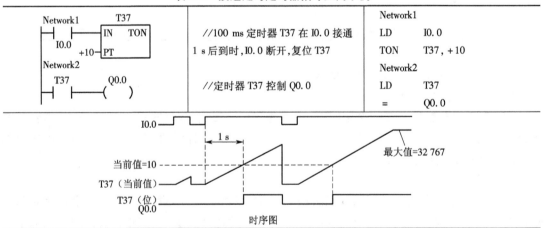

时序图

2.分辨率对定时器的影响

1 ms 分辨率的定时器的位与当前值的更新及扫描周期不同步。扫描周期大于 1 ms 时,定时器的位和当前值在一个扫描周期内被多次刷新。

10 ms 分辨率的定时器的位与当前值在每个扫描周期开始时被刷新。定时器的位和当前值在整个扫描周期过程中不变。在每个扫描周期开始时将一个扫描周期累计的时间间隔加到定时器当前值上。

100 ms 分辨率的定时器的位与当前值在执行该定时器指令时被刷新。为了使定时器正确地定时,要确保一个扫描周期中只执行一次 100 ms 定时器指令。

3. 时间间隔定时器

在图 3.3 中 Q0.0 的上升沿执行触发时间间隔指令 BITIM,读取内置的 1 ms 双字定时器的当前值,并将该值储存在 VD0 中。

定时时间间隔指令计算当前时间与 IN 输入端的 VD0 中的时间(即 Q0.0 变为 ON 的时间)之差,并将该时间差存储在 OUT 端指定的 VD4 中。双字定时器最大定时时间间隔为 2^{32} ms 或 49.7 天。CITIM 指令将自动处理计算时间间隔期间发生的 1 ms 定时器的翻转(即定时器的值由最大变为 0)。

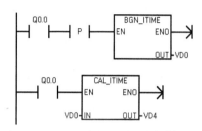

图 3.3 时间间隔定时器

【例 3.2】 在工业控制中,一些重要设备,要求双手同步启动。若要求 I0.0 和 I0.1 在 0.5 s 内同时按下,才启动 Q0.0,且两按钮在安装上有一定的距离,其梯形图程序如图 3.4 所示。

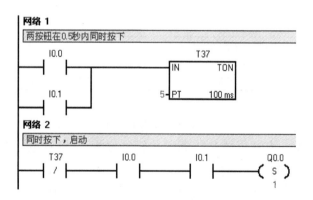

图 3.4 双手同步启动梯形图程序

3.2.2 计数器指令

这里介绍普通计数器指令、高速计数器指令,另有专用指令。计数器的使用和定时器类似,但也有区别,现仍以 S7 - 200 PLC 为例进行说明。S7 - 200 PLC 计数器的使用要素如下。

1. 编号

256 个计数器编号为 C0 ~ C255。S7 - 200 PLC 有增计数器、减计数器及增/减计数器等三类计数器,但类型与编号没有关系,任一编号都可以设定为任一种计数器。但每一编号只能使用一次。

2. 预置值

预置值为编程时设定的计数值,当计数的当前值等于预置值时,计数器的位触点动作。预置值编程时填在计数器功能块的 PV 端。

3. 计数信号输入端

计数器对脉冲信号计数。在编程时,增计数信号由功能块的 CU 端输入,减计数信号从 CD 端输入。计数器的计数信号输入相当于定时器的工作条件,从能流的角度来看,区别在于定时器的输入信号是连续的,计数器是断续的(脉冲),该信号可能来自机器外部,也可能来自机器内部。

4. 复位端

计数器的计数当前值是自保持的,复位需在复位端送入复位信号。复位端在功能块上的标示为 R。

S7 – 200 PLC 计数器的指令见表 3.3。

表 3.3 计数器指令

	加计数器指令	减计数器指令	增/减计数器指令
指令的表达形式	CTU Cxx,PV CU CTU R PV	CTD Cxx,PV CU CTD LD PV	CTUD Cxx,PV CU CTUD CD R PV
操作数的范围及类型	Cxx:常数 C0 ~ C255,WORD 型 R:I、Q、V、M、SM、S、T、C、L、能流,BOOL 型 PV:IW、QW、VW、MW、SMW、T、C、SW、LW、AC、AIW、* VD、* LD、* AC、常数,INT 型		

增计数指令 CTU 在每一个输入 CU 从低到高时增计数。当计数器当前值不小于预置值 PV 时,计数器位 C 置位。当复位端 R 接通或执行复位指令后,计数器复位。当达到最大值 32 767 后,计数器停止计数,并且可以保持。

减计数指令 CTD 在每一个输入 CD 从低到高时减计数。当计数器当前值等于 0 时,计数器位 C 置位。当装载输入端 LD 接通时,计数器位被复位,并将计数器的当前值设为预置值 PV。当计数到 0 时,停止计数,计数器位 C 接通。

增/减计数指令 CTUD 在每一个增计数输入 CU 从低到高时增计数,在每一个减计数输入 CD 从低到高时减计数,当计数器当前值大于或等于预置值时,计数器位 C 接通。否则,计数器位 C 关断。当复位输入端 R 接通或执行复位指令时,计数器复位。当达到预置值 PV 时,计数器停止计数。

【例 3.3】 减计数指令的应用示例见表 3.4。

表3.4　减计数器指令示例

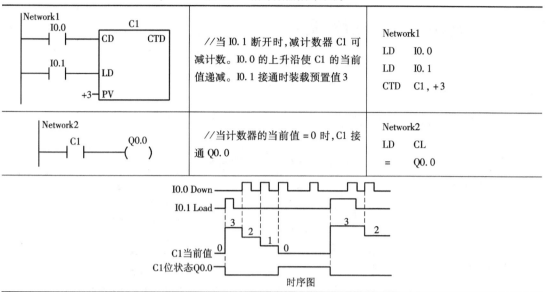

Network1 ⟨图⟩	//当I0.1断开时,减计数器C1可减计数。I0.0的上升沿使C1的当前值递减。I0.1接通时装载预置值3	Network1 LD　　I0.0 LD　　I0.1 CTD　C1,+3
Network2 ⟨图⟩	//当计数器的当前值=0时,C1接通Q0.0	Network2 LD　　CL =　　Q0.0

【例3.4】　3台电机的启停控制。有3台电机,第1次按下启动按钮第1台电机启动,第2次按下启动按钮第2台电机启动,第3次按下启动按钮第3台电机启动,即按下1次启动按钮,电机按1、2、3的次序增加1台启动;按下1次停止按钮,电机按3、2、1的次序停止1台。梯形图程序如图3.5所示。

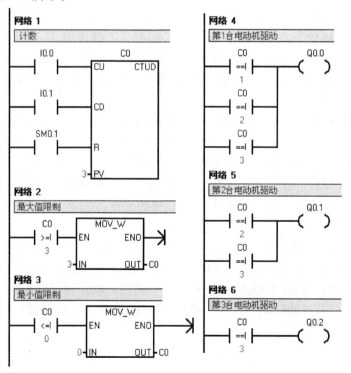

图3.5　3台电机的启停控制梯形图程序

3.3 交通灯控制系统设计

3.3.1 资源分配

交通灯控制资源分配见表 3.5。

表 3.5 交通灯控制资源分配

输入端子	输出端子	机内器件
工作开关:I0.0	报警灯:Q0.0 南北红灯:Q0.1 东西绿灯:Q0.2 东西黄灯:Q0.3 东西红灯:Q0.4 南北绿灯:Q0.5 南北黄灯:Q0.6	T33:南北红灯工作 25 s T97:东西红灯工作 30 s T99:东西绿灯工作 20 s T100:东西绿灯闪烁 3 s T98:东西黄灯工作 2 s T34:南北绿灯工作 25 s T35:南北绿灯闪烁 3 s T36:南北黄灯工作 2 s

3.3.2 控制程序

1.方案一:定时器配合

这是一个时间控制程序。分析时序图可以知道,图 3.2 中 A、B、C、D、E、F 6 点是 6 只信号灯工作状态变化的切换点。依据梯形图中输出的条件都是用机内器件的关系来表达的特点,设想可以选择一些定时器分别表示这些时间,再用这些定时器的触点表达各只信号灯的输出控制规律。

控制交通信号灯的梯形图程序如图 3.6 所示。梯形图程序分为两大段落,第一个段落是时间点形成段落,包括形成 A、B、C、D、E、F 6 点的定时器及形成绿灯闪烁的振荡控制的定时器,这是整个程序的铺垫段落;第二个段落是输出控制段落,6 只信号灯的工作条件均用定时器的触点表示。其中绿灯的点亮条件是两个并联支路,一个是绿灯长亮的控制,一个是绿灯闪亮的控制。图中还安排了南北、东西绿灯同时点亮的报警。

2.方案二:状态法

从控制要求可以看出,整个控制过程分成两个"独立"的循环,南北方向,红灯亮、绿灯持续亮、绿灯闪烁、黄灯亮;东西方向,绿灯持续亮、绿灯闪烁、黄灯亮、红灯亮。这些步骤可以用辅助继电器表示,再辅以置位、复位指令,使各步骤中的控制动作限定在某个状态中,并依次转换。这样,将一个较复杂的问题分为两个循环来处理,即在什么时间做什么事。梯形图程序见表 3.6。

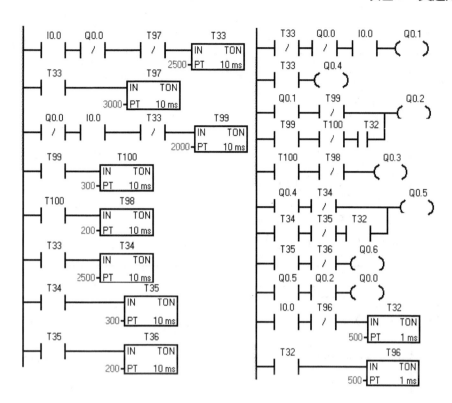

图 3.6 交通信号灯控制方案一

表 3.6 交通灯控制梯形图程序

梯形图程序	注释
网络 1 初始化 SM0.1 —— Q0.0 (R) 8 I0.0 / —— M0.0 (R) 8 M0.0 (S) 16	//初始化
网络 2 等待 M0.0 —— I0.0 —— M0.1 (S) 1 M0.5 (S) 1	//等待启动

续表

梯形图程序	注释
网络 3 南北红灯亮25s M0.1 — M0.0 (R) 1 M0.4 (R) 1 Q0.1 ( ) T37 IN TON 250 — PT 100 ms T37 — M0.2 (S) 1	//南北红灯亮25 s
网络 4 南北绿灯亮25s M0.2 — M0.1 (R) 1 T38 IN TON 250 — PT 100 ms T38 — M0.3 (S) 1	//南北绿灯亮25 s
网络 5 南北绿灯闪亮3s M0.3 — M0.2 (R) 1 T39 IN TON 30 — PT 100 ms T39 — M0.4 (S) 1	//南北绿灯闪烁3 s

梯形图程序	注释

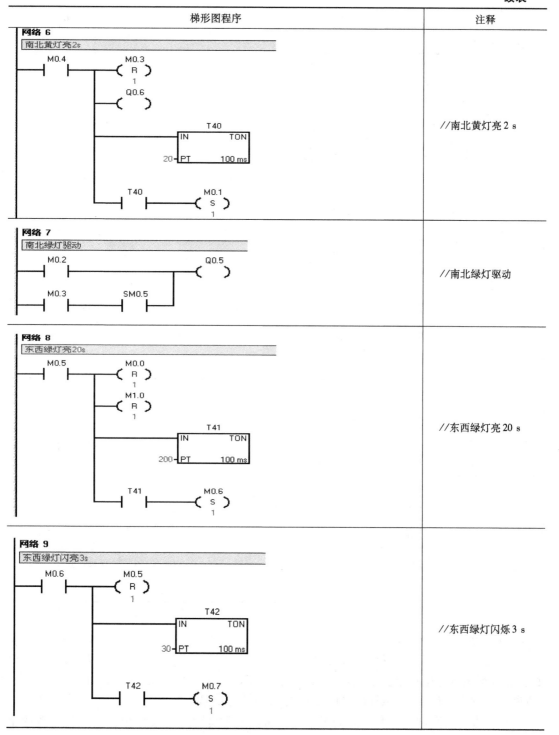	//南北黄灯亮2 s
	
	//南北绿灯驱动
	
	//东西绿灯亮20 s
	
	//东西绿灯闪烁3 s

续表

梯形图程序	注释
网络 10　东西黄灯亮2s M0.7　M0.6 (R) 1 Q0.3 ( ) T43 IN TON　20-PT 100 ms T43　M1.0 (S) 1	//东西黄灯亮2 s
网络 11　东西红灯亮30s M1.0　M0.7 (R) 1 Q0.1 ( ) T40　M0.5 (S) 1	//东西红灯亮30 s
网络 12　东西绿灯驱动 M0.5　　　　Q0.2 ( ) M0.6　SM0.5	//东西绿灯驱动
网络 13　错误 Q0.2　Q0.5　Q0.0 ( )	//两绿灯同时点亮时, 错误报警

3. 方案三:比较指令

比较指令用于两个操作数按一定条件的比较。操作数可以是整数,也可以是实数(浮点数)。在梯形图程序中用带参数和运算符的触点表示比较指令,比较条件满足时,触点闭合,否则断开。梯形图程序中,比较触点可以装入,也可以串并联。

比较指令有整数和实数两种数据类型的比较。整数类型的比较指令包括无符号数的字节比较,有符号数的整数比较、双字比较。整数比较的数据范围为 8000H ~ 7FFFH,双字比较的数据范围为 80000000H ~ 7FFFFFFFH。实数(32 位浮点数)比较的数据范围:负实数范围为

－1.175 495E－38～3.402 823E＋38,正实数范围为＋1.175 495E－38～＋3.402 823E＋38。比较指令有两个参数。比较指令其他比较关系和操作数类型说明如下。

（1）比较运算符:＝、＜＝、＞＝、＜、＞、＜＞。

（2）操作数类型:字节比较(B),无符号整数;整数比较(I、W),有符号整数;双字比较(D、W),有符号整数;实数比较(R),有符号双字浮点数。不同的操作数类型和比较运算关系,可分别构成各种字节、字、双字和实数比较运算指令。

【例3.5】 利用比较指令实现交通信号灯控制如图3.7所示。

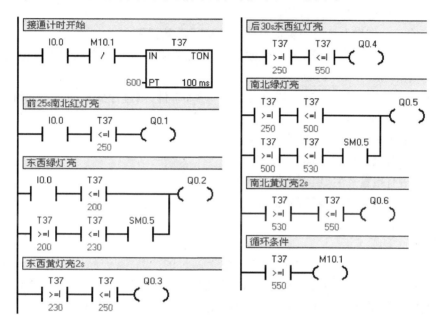

图3.7　交通信号灯控制方案三

分析 启动开关I0.0合上,T37开始计时,因为不需要T37的状态位,其预置值任意。在T37计数期间,利用比较指令确定各灯亮的条件。例如东西绿灯持续亮的条件是T37的当前值小于200,而闪烁的条件是T37的当前值大于200小于230同时调用SM0.5。当一个循环结束,T37的当前值等于550,此时接通辅助继电器M10.1,其常闭触点断开,致使T37工作条件失去,被复位,T37的当前值为0,M10.1为0,其常闭触点接通,进入下一个循环。该程序使用高级指令,仅用一个定时器,程序短小,逻辑清晰严密,编程简单灵活。

3.4　拓展实训:报警控制

3.4.1　工业过程报警

1.简介

工业过程自动化过程中的报警系统,是保障生产安全的第一道屏障。报警有很多,如有害气体、液体、温度、水位、时间等,总的来看是一种故障状态,所用报警输出器有声、光、声光等。大型的 DCS 系统都有完善的报警软件包,只要组态就能使用。但一些小的控制系统,往往没有报警功能,需要自己设计程序来实现。

2. 报警系统的逻辑

报警系统的逻辑分为四部分。

(1)报警生成。将设定的报警限与过程变量值进行比较,产生报警信息。

(2)报警显示和输出。报警信息应在上位机上进行信息显示,同时输出信号到声报设备(音箱或蜂鸣器),以达到警示的目的。

(3)报警确认。操作人员对报警信息作出响应以消除报警。

(4)报警状态恢复。当过程变量值恢复到正常范围内时,应对报警状态作复位处理。

3. 报警状态转换

根据"报警产生"、"报警响应"和"报警恢复"三种事件,则过程变量的状态属性将发生变化,具体可划分成四种状态。

(1)状态 0:正常状态,没有报警。

(2)状态 1:有报警产生,报警已响应。

(3)状态 2:有报警产生,但还未得到响应。

(4)状态 3:已响应,但还未恢复正常。

3.4.2 报警控制工艺要求

用接在 I0.0 输入端的光电开关检测传送带上通过的产品,有产品通过时 I0.0 为 ON,如果在 10 s 内没有产品通过,由 Q0.0 发出占空比为 50% 周期为 1 s 的报警闪烁信号。按钮 I0.1 用来确认报警,确认后若有产品通过则不再报警,否则 5 s 后仍报警。

资源分配见表 3.7。

表 3.7　报警控制资源分配

类别	地址	功能
输入	I0.0	产品检测
	I0.1	报警确认
输出	Q0.0	报警输出
定时器	T37	10 s 延时
	T38	5 s 延时
辅助寄存器	M0.0	报警状态

3.4.3 报警控制梯形图程序

1. 方案一:逻辑分析法

应用逻辑分析法设计的报警控制梯形图程序见表 3.8。

表3.8 报警控制梯形图程序(逻辑分析法)

梯形图程序	注释
网络 1 断开延时 I0.0 — / — IN TOF T37 100 — PT 100 ms	//断开延时
网络 2 报警输出状态 T37 — ┤P├ — (S) M0.0 1	//报警输出状态
网络 3 报警确认 I0.1 — (R) M0.0 1	//报警确认
网络 4 确认后延时 T37 — M0.0 / — IN TOF T38 50 — PT 100 ms T38 — (S) M0.0 1	//确认后延时
网络 5 报警输出驱动 M0.0 — SM0.5 — ( ) Q0.0	//报警输出驱动

2. 方案二:状态法

应用状态法设计的报警控制梯形图程序见表3.9。

表3.9 报警控制梯形图程序(状态法)

梯形图程序	注释
网络 1 初始化 SM0.1 — (R) M0.0 8 (S) M0.0 1	//初始化

续表

梯形图程序	注释

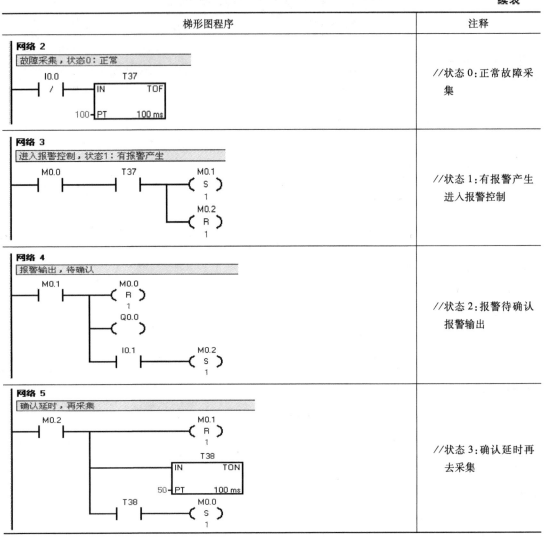	//状态0:正常故障采集
	
	//状态1:有报警产生
	进入报警控制
	
	//状态2:报警待确认
	报警输出
	
	//状态3:确认延时再
	去采集

习　题

1.通电延时定时器(TON)的输入(IN)电路_____时开始定时,当前值大于等于设定值时其定时器位变为_____,其常开触点_____,常闭触点_____。

2.通电延时定时器(TON)的输入(IN)电路_____时被复位,复位后其常开触点_____,常闭触点_____,当前值等于_____。

3.若加计数器的计数输入电路(CD)_____、复位输入电路(R)_____,计数器的当前值加1。当前值大于等于设定值(PV)时,其常开触点_____,常闭触点_____。复位输入电路时计数器被复位,复位后其常开触点_____,常闭触点_____,当前值为_____。

4. SM _____在首次扫描时为 1,SM0.0 一直为_____。

5. 定时器有哪些要素？计数器有哪些要素？

6. 设计周期为 5 s,占空比为 20% 的方波输出信号程序(输出点用 Q0.0)。

7. 设计电机的星—三角启动梯形图程序。要求按下启动按钮后,电机星型运行 20 s,停止运行 1 s,然后三角运行。按下停止按钮电机停转。

8. 利用定时器指令,编写一个两台电机的控制程序,要求如下。

(1)方式 1(I0.0 为 1),启动时,电机 M1 先启动,经过 5 s,电机 M2 启动,电机 M1、M2 同时停止。

(2)方式 2(I0.0 为 0),启动时,电机 M1、M2 同时启动,停止时电机 M2 停止后 5 s,电机 M1 才能停止。

9. 在按钮 I0.0 按下后 Q0.0 变为 1 状态并自锁(见图 3.8),I0.1 输入 3 个脉冲后(用 C1 计数),T37 开始定时,5 s 后 Q0.0 变为 0 状态,同时 C1 被复位,在 PLC 刚开始执行用户程序时,C1 也被复位,设计出梯形图程序。

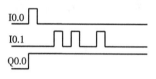

图 3.8 题 9 图

项目4 全自动洗衣机控制

学习目标：

　　通过对本项目的学习，学会画顺序功能图，能利用状态法编写控制洗衣机和机械手的程序。

4.1 全自动洗衣机控制工艺分析

4.1.1 基本原理

　　全自动洗衣机的洗衣桶（外桶）和脱水桶（内桶）是以同一中心安放的。外桶固定，作盛水用；内桶可以旋转，作脱水（甩干）用。内桶的周围有很多小孔，使内桶和外桶的水流相通。洗衣机的进水和排水分别由进水电磁阀和排水电磁阀来控制。进水时，通过控制系统将进水电磁阀打开，经进水管将水注入外桶。排水时，通过控制系统将排水电磁阀打开，将水由外桶排到机外。洗涤正转、反转由洗涤电机驱动波盘的正、反转来实现，此时脱水桶并不旋转。脱水时，控制系统将离合器合上，由洗涤电机带动内桶正转进行甩干。高、低水位控制开关分别用来检测高、低水位。启动按钮用来启动洗衣机工作，停止按钮用来实现手动停止进水、排水、脱水及报警。排水按钮用来实现手动排水。图4.1是全自动洗衣机结构示意图。

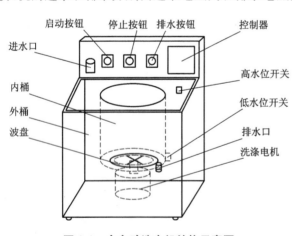

图4.1 全自动洗衣机结构示意图

4.1.2 工艺要求

　　该全自动洗衣机的控制要求可以用流程图4.2来表示。按下启动按钮后，洗衣机开始进水。水满时（即水位到达高水位，高水位开关由 OFF 变为 ON），洗衣机停止进水，并开始正转洗涤，正转洗涤15 s后暂停，暂停3 s后开始反转洗涤。反转洗涤15 s后暂停。暂停3 s后，若正、反转洗涤未满3次,则返回从正转洗涤开始的动作;若正、反转洗涤满3次,则开始排水。水位下降到低水位时(低水位开关由ON变为OFF)开始脱水并继续排水。脱水10 s即完成一次从进水到脱水的大循环过程。若未完成3次大循环,则返回从进水开始的全部动作,进行下一次大循环;若完成了3次大循环,则进行洗完报警。报警10 s后结束全部过程,自动停机。此外,还要求可以按排水按钮以实现手动排水,按停止按钮以实现手动停止进水、排水、脱水及报警。

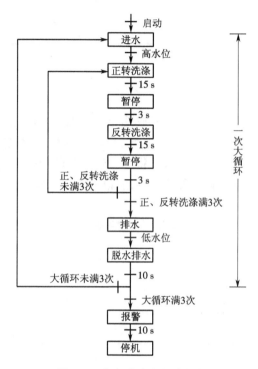

图4.2 全自动洗衣机流程图

4.1.3 资源分配

资源分配见表4.1。

表4.1 资源分配表

类别	元件	地址	作用
输入	SB1	I0.1	启动按钮
	SB2	I0.2	停止按钮
	SB3	I0.3	手动排水
	SL1	I0.4	高水位开关
	SL2	I0.5	低水位开关

类别	元件	地址	作用
	YV1	Q0.1	进水电磁阀
	KM1	Q0.2	电机正转接触器
	KM2	Q0.3	电机反转接触器
输出	YV2	Q0.4	排水电磁阀
	YC1	Q0.5	脱水电磁离合器
	KM3	Q0.6	报警蜂鸣器

4.1.4 控制程序

从控制要求可以看出,整个控制过程分成几个步骤,即准备、进水、正转、暂停、反转、排水、脱水、报警,这些步骤可以用辅助继电器表示,再辅以置位、复位指令,使各步骤中的控制动作限定在某个状态中,并依次转换。这样,将一个较复杂的问题分为两个部分处理,即控制过程的流程及各控制步骤中都具体做什么。控制程序见表4.2。

表4.2 控制程序

梯形图程序	注释	语句表程序

	//初始化、停止	LD I0.2
		O SM0.1
		MOVB 0, MB10
		AENO
		MOVB 0, MB11

		LD SM0.1 S M10.0, 1
	//启动	LD M10.0 R M10.5, 1 A I0.1 S M10.1, 1
	//手动加水	LD I0.3 = M11.2

续表

梯形图程序	注释	语句表程序
M10.1 M10.0 (R) 1 / M10.7 (R) 1 / M11.3 ( ) / I0.4 M10.2 (S) 1	//进水	LD M10.1 R M10.0, 1 R M10.7, 1 = M11.3 A I0.4 S M10.2, 1
M10.2 M10.1 (R) 1 / M10.5 (R) 1 / T37 IN TON 150-PT 100 ms / Q0.3 Q0.2 /( ) / T37 M10.3 (S) 1	//正转 15 s	LD M10.2 LPS R M10.1, 1 R M10.5, 1 TON T37, 150 AN Q0.3 = Q0.2 LPP A T37 S M10.3, 1
M10.3 M10.2 (R) 1 / T38 IN TON 30-PT 100 ms / T38 M10.4 (S) 1	//暂停 3 s	LD M10.3 R M10.2, 1 TON T38, 30 A T38 S M10.4, 1
M10.4 M10.3 (R) 1 / T39 IN TON 150-PT 100 ms / Q0.2 Q0.3 /( ) / T39 M10.5 (S) 1	//反转 15 s	LD M10.4 LPS R M10.3, 1 TON T39, 150 AN Q0.2 = Q0.3 LPP A T39 S M10.5, 1

梯形图程序	注释	语句表程序
M10.5 — M10.4 (R) 1；T40 IN TON，30 PT 100 ms；C1(/) T40 M10.2(S) 1；C1 T40 M10.6(S) 1	//暂停3 s	LD M10.5 LPS R M10.4, 1 TON T40, 30 AN C1 A T40 S M10.2, 1 LPP A C1 A T40 S M10.6, 1
M10.6 — M10.5(R) 1；M11.4( )；I0.5 M10.7(S) 1	//排水	LD M10.6 R M10.5, 1 = M11.4 A I0.5 S M10.7, 1
M10.7 — M10.6(R) 1；Q0.5( )；M11.5( )；T41 IN TON，100 PT 100 ms；T41 C2(/) M10.1(S) 1；T41 C2 M11.0(S) 1	//排水、脱水	LD M10.7 LPS R M10.6, 1 = Q0.5 = M11.5 TON T41, 100 A T41 AN C2 S M10.1, 1 LPP A T41 A C2 S M11.0, 1
M11.0 — M10.7(R) 1；T42 IN TON，100 PT 100 ms；T42(/) Q0.6( )	//报警	LD M11.0 R M10.7, 1 TON T42, 100 AN T42 = Q0.6

续表

梯形图程序	注释	语句表程序
M10.7　　　　　C2 ├─┤├──┤├──CU　CTU M11.1 ├─┤├──┤├──R SM0.1 ├─┤├──3─PV	//大循环计数	LD　　M10.7 LD　　M11.1 O　　SM0.1 CTU　C2, 3
M10.5　　　　　C1 ├─┤├──┤├──CU　CTU M10.6 ├─┤├──┤├──R SM0.1 ├─┤├──3─PV	//小循环计数	LD　　M10.5 LD　　M10.6 O　　SM0.1 CTU　C1, 3
M11.2　　　Q0.1 ├─┤├──┤├──( ) M11.3 ├─┤├──┤├──	//手动、自动加水	LD　　M11.2 O　　M11.3 =　　Q0.1
M11.4　　　Q0.4 ├─┤├──┤├──( ) M11.5 ├─┤├──┤├──	//排水	LD　　M11.4 O　　M11.5 =　　Q0.4

4.2　状态法编程

　　状态法编程又称做步序法。其主旨是将控制要求分解为一个个的步序或状态,用确定的编程元件代表它们。利用步序图或者顺序功能图描述步序之间的联系从而表达整体的控制过程。编程时程序则针对一个个的状态来写,每个状态中表达本状态要完成什么任务,满足什么条件时实现状态间的转移以及下个状态的编号是多少,同时在程序执行的机理上实现状态与状态间的隔离,即一个流程中只有一个状态相关的程序被执行。执行中的状态称为被激活的状态,而称其他状态为未激活状态。这种编程方法的特点是方法规范、条理清楚,且易于化解复杂控制间的交叉联系,而使编程变得容易。

　　实现状态法编程的三类指令如下。

1.置位、复位指令

　　由置位、复位指令实现的顺序控制不够规范,受编程者的风格影响大,在每一状态都由设计者设计退出哪一个状态和在什么条件下进入哪一状态;置位实现状态的启动、保持,复位实现状态的停止。

2. 定时器

仅适用于由时间延迟控制系统流程的情况,由定时器实现状态的启动、保持和转移。例如项目 5 铁塔之光方案一。

3. 顺控指令

许多 PLC 的开发商在自己的 PLC 产品中引入了专用的状态编程元件及状态指令。S7 - 200 PLC 也不例外。在 S7 - 200 PLC 中用于状态编程的软元件叫做顺控继电器,指令称为顺控继电器指令。

4.3　拓展实训:机械手控制

在自动化生产线(柔性控制系统)上,经常用机械手完成工件的取放操作,图 4.3 是一机械手的结构示意图,其任务是将传送带 A 上的物品搬送至传送带 B 上。

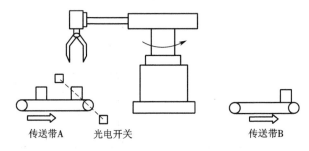

图 4.3　机械手工作示意图

机械手工作过程如图 4.4 所示。

图 4.4　机械手工作过程示意图

机械手的每次循环动作均从原位开始。

4.3.1　控制要求

(1)在传送带 A 端部,安装了光电开关,用以检测物品的到来。当检测到物品时,光电开关为 ON 状态。

(2)机械在原位时,按下启动按钮,系统启动,传送带 A 运转。当检测到物品光电开关为 ON 状态后,传送带 A 停。

(3)传送带 A 停止后,机械手进行一次循环动作,把物品从传送带 A 上搬到传送带 B(连续运转)上。

（4）机械手返回原位后，自动启动传送带 A，进行下一个循环。

（5）按下停止按钮后，待整个循环完成后，机械手返回原位，才能停止工作。

（6）机械手的上升/下降和左移/右移的执行结构均采用双线圈的二位电磁阀驱动液压装置实现，每个线圈完成一个动作。

（7）抓紧/放松由单线圈二位电磁阀驱动液压装置完成，线圈得电时执行抓紧动作，线圈断电时执行放松动作。

（8）机械手的上升、下降、左移、右移动作均由限位开关控制。

（9）抓紧动作由压力继电器控制，当抓紧时，压力继电器常开触点闭合。放松动作为时间控制（设为 2 s）。

4.3.2　资源分配

资源分配见表 4.3。

表 4.3　资源分配

项目	名称	地址	作用
输入	SB1	I0.0	启动按钮
	SB2	I0.1	停止按钮
	SQ1	I0.2	上升限位开关
	SQ2	I0.3	下降限位开关
	SQ3	I0.4	右移限位开关
	SQ4	I0.5	左移限位开关
	K	I0.6	抓紧压力继电器触点
	PS	I0.7	光电开关
输出	KM1	Q0.0	传送带 A 驱动
	YV1	Q0.1	右移电磁阀
	YV2	Q0.2	左移电磁阀
	YV3	Q0.3	抓紧/放松电磁阀
	YV4	Q0.4	上升电磁阀
	YV5	Q0.5	下降电磁阀

4.3.3　控制程序

根据机械手的工作过程，可以将其工作过程分解为 9 个步骤，这是典型的具有步进性质的顺序控制，因此就可以用顺控继电器来设计机械手的控制程序。

用顺控指令设计具有步进性质的顺序控制，其核心是设计各步之间的转换和内容。这里介绍画顺序功能图（又称为状态流程图）的方法设计梯形图程序。

顺序功能图的画法如下。

（1）首先将整个工作过程分解为若干个独立的控制功能步，简称步（本例中机械手的工作

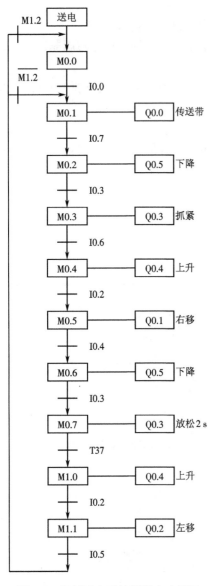

图 4.5 机械手自动控制顺序功能图

过程分解成 9 个独立的步),它是为完成相应的控制功能而设计的独立的控制程序或程序段。

(2)每个独立的步分别用一个方框表示,然后根据动作顺序将各个步用箭头连接起来。

(3)在相邻的两个步之间画上一条短横线,表示状态转换条件。当转换条件满足时,上一步被封锁,下一步被激活,转向执行新的控制程序,若不满足转换条件,则继续执行上一步的控制程序。

(4)在每个步的右侧,画上要被执行的控制程序。

机械手步进控制的顺序功能图如图 4.5 所示。

有了顺序功能图,再设计梯形图程序就容易多了。

系统送电,进行初始化,处于原位,状态为 M0.0。

按下启动按钮 SB1,与其对应的输入点 I0.0 为 ON,使传送带 A 运转(Q0.0 为 ON),状态为 M0.1。

当光电开关 PS 检测到有物品后,I0.7 为 ON,使 Q0.0 为 OFF,传送带 A 停止运行。在 Q0.0 的下降沿,下降电磁阀(Q0.5)得电,使机械手执行下降的动作,状态为 M0.2。

机械手下降到位时,下降限位开关 I0.3 为 ON,下降电磁阀(Q0.5)失电,机械手停止下降,开始执行抓紧动作,Q0.3 为 ON,状态为 M0.3。

机械手抓紧到位时,压力继电器 K 的常开触点闭合,I0.6 为 ON。此时,Q0.4 为 ON,机械手紧抓着物品上升,状态为 M0.4。

机械手上升到位时,上升限位开关 I0.2 为 ON,使 Q0.4 为 OFF,机械手停止上升。此时,Q0.1 为 ON,机械手执行右移动作,状态为 M0.5。

机械手右移到位时,右移限位开关 I0.4 为 ON,使 Q0.1 为 OFF,机械手停止右移。此时,Q0.5 为 ON,机械手执行下降动作,状态为 M0.6。

机械手下降到位时,下降极限开关 I0.3 为 ON,使 Q0.5 为 OFF,机械手停止下降。此时,Q0.3 被复位,机械手执行放松动作。并且启动定时器 T37,在 T37 的定时时间(2 s)到时,机械手放松到位,此时,Q0.4 为 ON,机械手执行上升动作,状态为 M0.7。

机械手上升到位时,上升限位开关 I0.2 为 ON,使 Q0.4 为 OFF,机械手停止上升。此时,Q0.2 为 ON,机械手执行左移动作,状态为 M1.0。

机械手左移到位时,左移限位开关 I0.5 为 ON。进入状态为 M1.1,使 Q0.2 为 OFF,机械手停止左移。此时,机械手已回到原位,只要在此之前没有按停止按钮,再次将 Q0.0 置位,传送带 A 重新运行,等待物品检测信号 I0.7 的到来。如果在流程中按下过停止按钮,M1.2 便接通,但并不影响程序的执行。只有在当前循环全部完成后,M1.2 才起作用,机械手停于原位。等待启动按钮的动作,以便开始下一个流程。

机械手控制梯形图程序见表 4.4,程序中使用了置位、复位指令。能保证其动作顺序有条不紊,一环紧扣一环,表现出状态法编程的突出优点。即使有误解也不会造成混乱,因为上一步动作未完成下一步动作不可能开始,调试非常容易。

表 4.4　机械手控制梯形图(状态法)

梯形图	注释
网络 1 初始化 SM0.1　　M0.0（R）16　　M0.0（S）1	//初始化
网络 2　网络标题 系统启动 M0.0　I0.0　M0.1（S）1　　M1.1（R）2	//系统启动
网络 3 传送带运行 M0.1　M0.0（R）1　M1.1（R）1　Q0.0（ ）　I0.7　M0.2（S）1	//传送带运行
网络 4 空手下降,遇限位退出 M0.2　M0.1（R）1　　I0.3　M0.3（S）1	//空手下降,遇限位退出

续表

梯形图	注释
网络 5 抓紧 M0.3　M0.2（R 1）　Q0.3（S 1）　I0.6　M0.4（S 1）	//抓紧
网络 6 载物上升 M0.4　M0.3（R 1）　I0.2　M0.5（S 1）	//载物上升
网络 7 右移 M0.5　M0.4（R 1）　Q0.1（ ）　I0.4　M0.6（S 1）	//右移
网络 8 载物下降 M0.6　M0.5（R 1）　I0.3　M0.7（S 1）	//载物下降
网络 9 放松 M0.7　Q0.3（R 1）　T37 IN TON　M0.6（R 1）　20-PT 100 ms　T37　M1.0（S 1）	//放松

梯形图	注释
网络 10 空手上升 M1.0 ── M0.7 ─(R)1 　　　└─ I0.2 ── M1.1 ─(S)1	//空手上升
网络 11 左移 M1.1 ── M1.0 ─(R)1 　　　　　Q0.2 ─( ) 　　　└─ I0.5 ── I1.2 ─/ ── M0.1 ─(S)1 　　　└─ I0.5 ── I1.2 ── M0.0 ─(S)1	//左移
网络 12 上升驱动 M0.4 ── Q0.4 ─( ) M1.0 ─┘	//上升驱动
网络 13 下降驱动 M0.2 ── Q0.5 ─( ) M0.6 ─┘	//下降驱动
网络 14 停止 I0.1 ── M1.2 ─(S)1	//停止

习　题

1. 用状态法编程实现两台电机的控制,具体为按下启动按钮第一台电机工作,10 s 后第一台电机停止工作,第二台电机在第一台电机启动后,按下 3 次启动按钮电机启动,工作 15 s 后停止运行。电机在运行时都可实现紧急停车,用灯模拟电机的运行。

2. 图 4.6 中的两条传送带顺序相连,按下启动按钮,2 号传送带开始运行,10 s 后 1 号传送带自动启动。停机的顺序与启动的顺序刚好相反,间隔时间为 8 s。用状态法设计出梯形图程序。

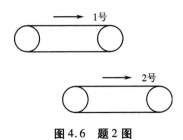

图 4.6　题 2 图

项目5　铁塔之光

学习目标:

　　通过对本项目的学习,能够分析铁塔之光工艺要求,用传送、移位指令编程,熟练掌握数码管的使用方法。

5.1　铁塔之光工艺分析

　　霓虹灯是城市的美容师,每当夜幕降临时,华灯初上,五颜六色的霓虹灯把城市装扮得格外绚丽;节日彩灯,舞厅、卡拉 OK 厅、酒吧、橱窗、家庭的装饰灯等,灯光交替闪耀,给节日晚上(尤其是舞会)增加不少光彩和欢快气氛;喷泉效果,有多种造型、奇特图案,令人眼花缭乱,目不暇接。灯光控制也是 PLC 的强项之一,其功能强大、变换无穷,其电路可反复使用。

　　铁塔之光是利用彩灯对塔形建筑物进行装饰,从而达到烘托效果。这实际上是考虑了 PLC 输出的空间效果(上下、内外等)和时间顺序(先后),而针对不同的场合对彩灯的运行方式也有不同的要求,对于在要求彩灯有多种不同运行方式的情况下,采用 PLC 中的一些特殊指令来进行控制就显得尤为方便。

　　铁塔之光的控制要求为:PLC 运行后,灯光自动开始显示,有时每次只亮一盏灯,顺序从上向下,或是从下向上;有时从底层由下向上全部点亮,然后又从上向下熄灭。运行方式多样,学生可自行设计。

　　具体讲,共有 8 盏灯,每灯亮 1 s,顺序依次为 L1→L2→L3→L4→L5→L6→L7→L8→L7→L6→L5→L4→L3→L2,在灯亮的同时,用数码管显示灯的编号,循环往复。其结构图如图5.1所示。

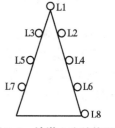

图 5.1　铁塔之光结构图

5.2　数据处理类指令

　　数据处理指令包括数据的传送、交换、填充、移位等指令。

5.2.1 数据传送

数据传送指令有字节、字、双字和实数的单个数据传送指令,还有以字节、字、双字为单位的数据块的成组传送指令,用来实现各存储器单元之间数据的传送和复制。

1. 单个数据传送

单个数据传送指令一次完成一个字节、字或双字的传送,有 MOV_B、MOV_W、MOV_DW。

功能:使能流输入 EN 有效时,把一个输入 IN 单字节无符号数、单字长或双字长有符号数送到 OUT 指定的存储器单元输出。

数据类型分别为 B、W、DW。

IN、OUT 操作数的寻址方式,参见附录 B。

使能流输出 ENO = 0 断开的出错条件是 SM4.3(运行时间)、0006(间接寻址错误)。

2. 数据块传送

数据块传送指令一次可完成 N 个数据的成组传送。指令类型有 BLKMOV_B、BLKMOV_W、BLKMOV_DW 三种。

(1)字节的数据块传送指令,使能输入 EN 有效时,把从输入 IN 字节开始的 N 个字节数据传送到以输出字节 OUT 开始的 N 个字节中。

(2)字的数据块传送指令,使能输入 EN 有效时,把从输入 IN 字开始的 N 个字的数据传送到以输出字 OUT 开始的 N 个字的存储区中。

(3)双字的数据块传送指令,使能输入 EN 有效时,把从输入 IN 双字开始的 N 个双字的数据传送到以输出双字 OUT 开始的 N 个双字的存储区中。

3. 传送指令的数据类型和断开条件

IN、OUT 操作数的数据类型分别为字节、字、双字,N(BYTE)的数据范围为 0~255,N、IN、OUT 操作数地址寻址范围见附表 B。使能流输出 ENO = 0 断开的出错条件是 SM4.3(运行时间)、0006(间接寻址错误)、0091(操作数超界)。

5.2.2 字节交换/填充指令

1. 字节交换指令(SWAP)

字节交换指令实现字的高、低字节内容交换的功能。使能输入 EN 有效时,将输入字 IN 的高、低字节交换的结果输出到 OUT 指定的存储器单元。IN、OUT 操作数的数据类型为 INT (WORD)。使能流输出 ENO = 0 断开的出错条件是 SM4.3(运行时间)、0006(间接寻址错误)。

2. 字节填充指令(FILL)

字节填充指令用于存储器区域的填充。使能输入 EN 有效时,用字输入数据 IN 填充从输出 OUT 指定单元开始的 N 个字存储单元。N(BYTE)的数据范围为 0~255。IN、OUT 操作数的数据类型为 INT(WORD)。使能流输出 ENO = 0 断开的出错条件是 SM4.3(运行时间)、0006(间接寻址错误)、0091(操作数超界)。

5.2.3 移位指令

移位指令分为左、右移位,循环左、右移位及寄存器移位指令三大类。前两类移位指令按移位数据的长度又分为字节型、字型、双字型三种,移位指令最大移位位数 N≤数据类型(字节、字、双字)对应的位数,移位位数(次数)N 为字节型数据。

1.左、右移位指令

左、右移位数据存储单元与 SM1.1(溢出)端相连,移出位被放到特殊标志存储器 SM1.1 位。移位数据存储单元的另一端补 0。

1)左移位指令(SHL)

使能输入有效时,将输入的字节、字或双字 IN 左移 N 位后(右端补 0),将结果输出到 OUT 所指定的存储单元中,最后一次移出位保存在 SM1.1。

2)右移位指令(SHR)

使能输入有效时,将输入的字节、字或双字 IN 右移 N 位后,将结果输出到 OUT 所指定的存储单元中,最后一次移出位保存在 SM1.1。

2.循环左、右移位指令

循环移位将移位数据存储单元的首尾相连,同时又与溢出标志 SM1.1 连接,SM1.1 用来存放被移出的位。

1)循环左移位指令(ROL)

使能输入有效时,字节、字或双字 IN 数据循环左移 N 位后,将结果输出到 OUT 所指定的存储单元中,并将最后一次移出位送 SM1.1。

2)循环右移位指令(ROR)

使能输入有效时,字节、字或双字 IN 数据循环右移 N 位后,将结果输出到 OUT 所指定的存储单元中,并将最后一次移出位送 SM1.1。

3.左、右移位及循环移位指令对标志位、ENO 的影响

移位指令影响的特殊存储器位:SM1.0(零),SM1.1(溢出)。如果移位操作使数据变为 0,则 SM1.0 置位。使能流输出 ENO =0 断开的出错条件是 SM4.3(运行时间)、0006(间接寻址错误)。N、IN、OUT 操作数的数据类型为字节、字、双字。

4.寄存器移位指令

寄存器移位指令是一个移位长度可指定的移位指令。

梯形图中 DATA 为数值输入,指令执行时将该位的值移入移位寄存器。S-BIT 为寄存器的最低位。N 为移位寄存器的长度(1~64),N 为正值时左移位(由低位到高位),DATA 值从 S-BIT 位移入,移出位进入 SM1.1;N 为负值时右移位(由高位到低位),S-BIT 移出到 SM1.1,另一端补充 DATA 移入位的值。每次使能有效时,整个移位寄存器移动 1 位。最高位的计算方法:[N 的绝对值 $-1+$(S-BIT 的位号)]/8,余数即是最高位的位号,商与 S-BIT 的字节号之和即是最高位的字节号。移位指令影响的特殊存储器位 SM1.1(溢出)。使能流输出 ENO =0 断开的出错条件是 SM4.3(运行时间)、0091(操作数超界)、0092(计数区错误)。

5.2.4　编码译码

1.编码指令

编码(Encode)指令 ENCO 将输入字 IN 的最低有效位(其值为 1)的位数写入输出字节(OUT)的最低 4 位。

设 AC2 中的错误位为 2#0000001000000000，编码指令"ENCO　AC2,VB40"将错误位转换为 VB40 中的错误码 9。

2. 译码指令

译码(Decode)指令 DECO 根据输入字节 IN 的低 4 位表示的位号，将输出字(OUT)相应的位置 1，输出字的其他位均为 0。

设 AC2 中包含错误码 3，用译码指令"DECO　AC2,VW40"，可将 VW40 的第 3 位置 1，VW40 中的二进制数为 2#0000000000001000。

3. 段译码指令

段(Segment)译码指令 SEG 根据输入字节 IN 低 4 位确定的十六进制数产生点亮七段数码管各段的代码，并送到输出字节 OUT。七段数码管的 A～G 段分别对应于输出字节的位（第 0 位到第 6 位），某段应亮时输出字节中对应的位为 1，反之为 0。例如显示数字 1 时，仅 B 和 C 为 1，其余位为 0，输出值为 6。

5.3　八段数码管的驱动

5.3.1　发光二极管基本知识

50 年前人们已经了解半导体材料可产生光线的基本知识，世界上第一只商用二极管生产于 1965 年。发光二极管(Light Emitting Diode)的英文缩写为 LED。发光二极管的基本结构是一块电致发光的半导体材料，置于一个有引线的架子上，然后四周用环氧树脂密封，起到保护内部芯线的作用，所以 LED 的抗震性能好。

发光二极管的 PN 结中，注入的少数载流子与多数载流子复合时会把多余的能量以光的形式释放出来，从而把电能直接转换为光能。这种利用注入式电致发光原理制作的二极管叫发光二极管。当它处于正向工作状态时（即两端加上正向电压），电流从 LED 阳极流向阴极时，半导体晶体就能发出从紫外到红外不同颜色的光线，光的强弱与电流有关。

LED 使用低压电源，特别适用于公共场所；效能高；可以制备成各种形状的器件；可工作约 10 万小时；响应时间快，为纳秒级；对环境无污染；改变电流可以变色；价格比较贵。基于上述特点，LED 在仪器仪表的指示光源、交通信号灯、计量、大面积显示屏、汽车信号灯、全彩显示屏等领域都得到了应用。

5.3.2　八段数码管的驱动

八段数码管是由 8 个发光二极管组成的，在空间排列成为"日"字形带个小数点，只要将电压加在阳极和阴极之间，相应的笔画就会发光。8 个发光二极管的阴极并接在一起，8 个阳极分开，接控制端，因此称为共阴极八段数码管。另一种是 8 个发光二极管的阳极都连在一起的，称为共阳极八段数码管。通常用八段数码管来显示各种数字或符号。

八段数码管中有 7 个长条形的发光二极管排列成"日"字形，另一个点形的发光二极管在显示器的右下角作为小数点，它能显示各种数字及部分英文字母，如图 5.2(a)所示。

共阴极和共阳极结构的数码管各笔画段名和安排位置是相同的。当发光二极管导通时，相应的笔画段发亮，由发亮的笔画段组合而显示各种字符。8个笔画段 HGEFDCBA 对应于一个字节（8位）的 D7 D6 D5 D4 D3 D2 D1 D0，于是用8位二进制码就可以表示显示字符的字形代码。例如，对于共阴极数码管，当公共阴极接地（为0电平），而阳极 HGFEDCBA 各段为 01110011 时，显示器显示"P"字符，即对于共阴极数码管，"P"字符的字形码是 73H。如果是共阳数码管，公共阳极接高电平，显示"P"字符的字形代码应为 10001100（8CH）。两者互为反码。这里必须注意的是：很多产品为方便接线，常不按规则的方法去对应字段与位的关系，这时字形码就必须根据接线来自行设计了。

实际设计中，为了节省 I/O 点数，经常采用动态显示。

除了八段数码管外，还有"米"字形等，在此不再介绍，可查阅相关资料。

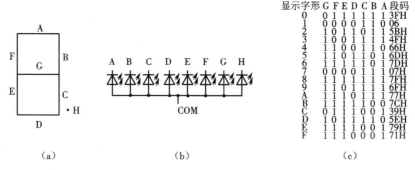

图 5.2　八段数码管结构与驱动
（a）结构　（b）共阳极连接　（c）驱动码

5.4　铁塔之光系统设计

5.4.1　资源分配

本例中无须输入信号，共8个输出，需要辅助继电器和定时器，具体分配见表5.1。

表 5.1　铁塔之光资源分配表

项目	名称	地址（范围）	作用
输出	L1 ~ L8	Q0.0 ~ Q0.7	灯
	A ~ G	Q1.0 ~ Q1.6	数码管
内部器件	定时器	T37 ~ T52	延时 1 s
	继电器	M10.0 ~ M11.3	驱动辅助

5.4.2 控制程序

1.方案一

采用逻辑分析法,依次设计。梯形图程序见表 5.2,程序中使用了较多的定时器,T37 贯穿整个程序,依次减小控制范围,直到 T50。

表 5.2 铁塔之光部分梯形图程序及注释

梯形图程序	注释
Network 1 上行L1亮1s SM0.0 T50 T37 Q0.0 T37 IN TON 10─PT 100 ms	//上行 L1 亮 1 s
Network 2 上行L2亮1s T37 T38 M10.0 T38 IN TON 10─PT 100 ms	//上行 L2 亮 1 s
⋮	⋮
Network 14 下行L2亮1s T49 T50 M11.3 T50 IN TON 10─PT 100 ms	//下行 L2 亮 1 s
Network 15 L2的驱动 M10.0 Q0.1 M11.3	//L2 的驱动
⋮	⋮
网络 10 Q0.1 Q1.1 Q0.2 Q0.4 Q0.5 Q0.6 Q0.7	//驱动 A 管

梯形图程序	注释
网络 11 Q0.0 — Q1.2 Q0.1 Q0.2 Q0.3 Q0.6 Q0.7	//驱动 B 管
网络 12 Q0.0 — Q1.3 Q0.2 Q0.3 Q0.4 Q0.5 Q0.6 Q0.7	//驱动 C 管
网络 13 Q0.1 — Q1.4 Q0.2 Q0.4 Q0.5 Q0.7	//驱动 D 管
网络 14 Q0.1 — Q1.5 Q0.5 Q0.7	//驱动 E 管
网络 15 Q0.3 — Q1.6 Q0.4 Q0.5 Q0.7	//驱动 F 管

梯形图程序	注释
 网络 16 Q0.1 Q1.7 ├─┤ ├──────( ) │ Q0.2 ├─┤ ├─ │ Q0.3 ├─┤ ├─ │ Q0.4 ├─┤ ├─ │ Q0.5 ├─┤ ├─ │ Q0.7 └─┤ ├─	//驱动 G 管

2. 方案二

利用置位、复位指令,将控制要求分为若干个状态,分别编程,此梯形图程序略。

3. 方案三

使用移位指令,程序中有 1 s 时钟程序,还有两个计数器 C1、C2,C1 控制前半周期,C2 控制后半周期,由 C2 负责循环。梯形图程序见表 5.3。

表 5.3　铁塔之光梯形图程序(方案三)

梯形图程序	注释
网络 1 左移初始化 SM0.1 MOV_B ├─┤ ├──┤EN ENO├─► 1─IN OUT├─QB0	//左移初始化

网络 2
每个脉冲左循环移1位
 	
SM0.5   C1   SHL_B
├─┤ ├─┤/├─┤P├──┤EN   ENO├─
           QB0─IN   OUT├─QB0
            1─N
	//每个脉冲左循环移 1 位

网络 3 左移计数 SM0.5 C1 ├─┤ ├──┤CU CTU├ M10.0 │ ├─┤ ├─┬──┤R SM0.1 │ │ ├─┤ ├─┘ 7─┤PV	//左移计数

续表

梯形图程序	注释
网络 4 右移初始化 C1 —| |— P —| MOV_B (EN ENO) 16#80—IN OUT—QB0	//右移初始化
网络 5 右移 C1 —| |— SM0.5 —| |— P —| SHR_B (EN ENO) QB0—IN OUT—QB0 1—N	//右移
网络 6 左移计数 C1 —| |— SM0.5 —| |— C2 CU CTU M10.0 —| |— R SM0.1 —| |— 8—PV	//左移计数
网络 7 循环完一次,两计数器复位 C1 —| |— C2 —| |— M10.0 —( )	//循环完一次,两计数器复位
网络 8 开始下一次循环 C1 —| |— C2 —| |— MOV_B (EN ENO) 1—IN OUT—QB0	//开始下一次循环
网络 9 编码,再译码输出 SM0.0 —| |— MOV_B (EN ENO) QB0—IN OUT—MB0 — ENCO (EN ENO) MW0—IN OUT—MB3 SUB_I (EN ENO) MW2—IN1 OUT—MW4 +7—IN2 — SEG (EN ENO) MB5—IN OUT—QB1	//编码,再译码输出

4.方案四

使用比较、传送指令,梯形图程序见表5.4。

表5.4 铁塔之光梯形图程序(方案四)

梯形图程序	注释
网络 1 初始化 SM0.1　　　　T37 ─┤├──────（R） 　　　　　　　　　1	//初始化
网络 2 循环控制 　T37　　　　　　T37 ─┤/├──────┤IN　　　TON├ 　　　　　　　140─┤PT　　100 ms├	//循环控制
网络 3 L1 　T37　　T37　　　　MOV_W ─┤>=├─┤<├──┤EN　　ENO├─┤ 　0　　　10 　　　　　16#010C─┤IN　　OUT├─QW0	//L1
网络 4 下行、上行L2 　T37　　T37　　　　MOV_W ─┤>=├─┤<├──┤EN　　ENO├─┤ 　10　　20 　T37　　T37　16#02B6─┤IN　　OUT├─QW0 ─┤>=├─┤<├ 　130　 140	//下行、上行 L2
网络 5 下行、上行L3 　T37　　T37　　　　MOV_W ─┤>=├─┤<├──┤EN　　ENO├─┤ 　20　　30 　T37　　T37　16#049E─┤IN　　OUT├─QW0 ─┤>=├─┤<├ 　120　 130	//下行、上行L3
⋮	⋮
网络 9 下行、上行L7 　T37　　T37　　　　MOV_W ─┤>=├─┤<├──┤EN　　ENO├─┤ 　60　　70 　T37　　T37　16#400E─┤IN　　OUT├─QW0 ─┤>=├─┤<├ 　80　　90	//下行、上行 L7

梯形图程序	注释
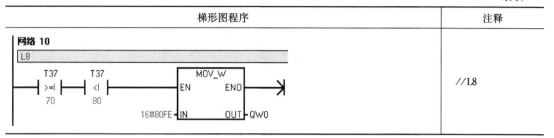	//L8

分析　该循环周期为 14 s,利用 T37 实现。以 L7 为例,说明编程思路。L7 在第七秒内和第九秒内亮并显示 7。用 T37 大于等于 60 且小于 70 表示第七秒内,T37 大于等于 80 且小于 90 表示第九秒内,则其控制字为 16#400E,如图 5.3 所示。

QB0								QB1							
7	6	5	4	3	2	1	0	7	6	5	4	3	2	1	0
L8	L7	L6	L5	L4	L3	L2	L1	G	F	E	D	C	B	A	L9
0	1	0	0	0	0	0	0	0	0	0	0	1	1	1	0
4				0				0				E			
16#400E															

图 5.3　灯 L7 的控制字

5.5　拓展实训:台车的呼叫控制

5.5.1　工艺要求

一部电动运输车供 8 个加工点使用。PLC 上电后,车停在某个加工点(下称工位),若无用车呼叫(下称呼车)时,则各工位的指示灯亮表示各工位可以呼车。某工作人员按本工位的呼车按钮呼车时,各工位的指示灯均灭,此时别的工位呼车无效。如停车位呼车时,台车不动,呼车工位号大于停车位时,台车自动向高位行驶,当呼车位号小于停车位号时,台车自动向低位行驶,当台车到呼车工位时自动停车。停车时间为 30 s 供呼车工位使用,其他工位不能呼车。从安全角度出发,停电后再来电时,台车不会自行启动。

5.5.2　硬件设计

为了区别,工位依 1~8 编号并各设一个限位开关。为了呼车,每个工位设一呼车按钮,系统设启动及停机按钮各 1 个,台车设正反转接触器各 1 个。每工位设呼车指示灯各 1 个,但并联接于各个输出口上。系统布置图如图 5.4 所示。

台车控制系统资源分配见表 5.5。

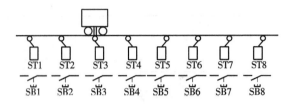

图 5.4　呼车系统示意图

表 5.5　台车控制系统资源分配表

限位开关(停车号)		呼车按钮(呼车号)		其他	
ST1	I2.0	SB1	I1.0	Q0.3	可呼车指示
ST2	I2.1	SB2	I1.1	Q0.0	电机正转接触器
ST3	I2.2	SB3	I1.2	Q0.1	电机正转接触器
ST4	I2.3	SB4	I1.3	Ml0.1	呼车封锁中间继电器
ST5	I2.4	SB5	I1.4	Ml0.2	系统启动中间继电器
ST6	I2.5	SB6	I1.5	I0.0	系统启动按钮
ST7	I2.6	SB7	I1.6	I0.1	系统停止工作按钮
ST8	I2.7	SB8	I1.7		

5.5.3　控制程序

程序的编制拟使用传送比较类指令。其基本原理为分别传送停车工位号及呼车工位号并比较后决定台车的运动方向,根据控制要求,绘制的系统工作流程图如图 5.5 所示。

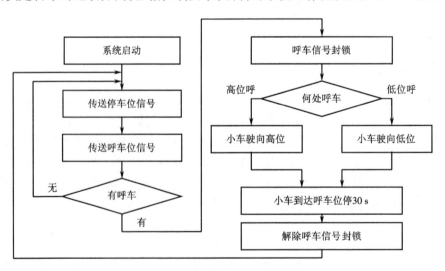

图 5.5　呼车系统工作流程

依以上思路设计的梯形图程序见表 5.6。

表5.6　台车的呼叫控制程序

梯形图程序	注释	语句表程序
Network 1　主程序 台车启停控制 I0.0　I0.1　M10.2 M10.2	//台车启停控制	Network 1 //主程序 LD　　I0.0 O　　 M10.2 AN　　I0.1 =　　 M10.2
Network 2 调用子程序 M10.2　SBR_0　EN	//调用子程序	Network 2 LD　　 M10.2 CALL　 SBR0
Network 1　子程序 传送1号停车工位 I2.0　MOV_B　EN　ENO 1-IN　OUT-VB100	//传送1号停车工位	Network 1 //子程序 LD　　 I2.0 MOVB　 1, VB100
⋮	⋮	⋮
Network 8 传送8号停车工位 I2.7　MOV_B　EN　ENO 8-IN　OUT-VB100	//传送8号停车工位	Network 8 LD　　 I2.7 MOVB　 8, VB100
Network 9 可呼车指示 M10.1　Q1.0	//可呼车指示	Network 9 LDN　　M10.1 =　　 Q1.0
Network 10 传送1号呼车工位 I1.0　M10.1　MOV_B　EN　ENO 1-IN　OUT-VB110	//传送1号呼车工位	Network 10 LD　　 I1.0 AN　　 M10.1 MOVB　 1, VB110
⋮	⋮	⋮
Network 17 传送8号呼车工位 I1.7　M10.1　MOV_B　EN　ENO 8-IN　OUT-VB110	//传送8号呼车工位	Network 17 LD　　 I1.7 AN　　 M10.1 MOVB　 8, VB110
Network 18 有工位呼车,指示灯灭,同时封锁其他呼叫 I1.0　T37　M10.1 I1.1 ...... I1.7	//有工位呼车,指示灯灭, 同时封锁其他呼叫	Network 18 LD　　 I1.0 O　　　I1.1 O　　　I1.7 AN　　 T37 =　　　M10.1

梯形图程序	注释	语句表程序
Network 19 停车工位号大于呼车工位号，电机正转 VB100 Q0.1 Q0.0 —| >B |——| / |——( ) VB110	//停车工位号大于呼车工位号，电机正转	Network 19 LDB > VB100，VB110 AN Q0.1 = Q0.0
Network 20 停车工位号小于呼车工位号，电机反转 VB100 T37 Q0.1 —| <B |——| / |——( ) VB110	//停车工位号小于呼车工位号，电机反转	Network 20 LDB < VB100，VB110 AN T37 = Q0.1
Network 21 停车后计时30 s，方可再次呼车 VB100 T37 —| ==B |——[IN TON] VB110 300—PT 100 ms	//停车后计时30 s，方可再次呼车	Network 21 LDB = VB100，VB110 TON T37，300

习　　题

1. 用 I0.0 控制接在 Q0.0~Q0.7 上的 8 个彩灯循环移位，用 T37 定时，每 0.5 s 移 1 位，首次扫描时给 Q0.0~Q0.7 置初值，用 I0.1 控制彩灯移位的方向，设计出程序。

2. 首次扫描时给 Q0.0~Q0.7 置初值，控制接在 Q0.0~Q0.7 上的 8 个彩灯循环每隔 2 s 左移 2 位，设计出程序。

3. 设计梯形图程序。要求系统上电后，若仅 I0.0 接通，每隔 1 s，七段数码管依次显示 0→1→2→3→4→5→6→7→8→9，循环往复；若仅 I0.1 断开，每隔 1 s，七段数码管依次显示 9→8→7→6→5→4→3→2→1→0，循环往复；I0.0 和 I0.1 都接通或断开则显示 E。

4. 用 4 个开关控制数码显示。控制要求：当按照二进制规律拨动 4 个开关时，让数码管显示 0~9 这 10 个数字，对超过 9 的十六进制数则不显示。

项目6 自动送料装车系统

学习目标：

　　通过对本项目的学习，熟练掌握步进指令的应用，学会分析运输带控制工艺、设计工作模式、建立局部变量、利用子程序编程。

6.1 自动送料装车系统工艺分析

6.1.1 传送带

传送带又称输送带或胶带，是物料连续运载的重要工具之一，可用于运输块状、粒状、粉状或成件物品等。运输带广泛用于建材、化工、煤炭、电力、冶金等部门，适用于常温下输送非腐蚀性的物料，如煤炭、焦炭、砂石、水泥等散物（料），也可用于成件物品输送。

6.1.2 工艺要求

该系统的结构如图6.1所示，有两个工作模式：手动和自动。

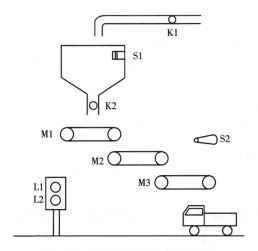

图6.1 自动送料装车系统结构图

自动送料装车系统控制要求如下。

（1）在手动状态下，按相关按钮，控制相关输出动作，松开按钮，无相关输出。

（2）在自动状态下，初始时，红灯 L2 灭，绿灯 L1 亮，表示允许汽车进来装料。料斗 K2，电机 M1、M2、M3 皆为 OFF。当汽车到来时（用 S2 开关接通表示），L2 亮，L1 灭，M3 运行，电机 M2 在 M3 接通 2 s 后运行，电机 M1 在 M2 启动 2 s 后运行，延时 2 s 后，料斗 K2 打开出料。当汽车装满后（用 S2 断开表示），料斗 K2 关闭，电机 M1 延时 2 s 后停止，M2 在 M1 停 2 s 后停止，M3 在 M2 停 2 s 后停止。L1 亮，L2 灭，表示汽车可以开走。S1 是料斗中料位检测开关，其闭合表示料满，K2 可以打开；S1 分断时，表示料斗内未满，K1 打开，K2 不打开。

6.2 程序控制类指令

程序控制类指令用于程序运行状态的控制，主要包括系统控制、跳转、循环、子程序调用、顺序控制等指令。

6.2.1 系统控制类指令

系统控制类指令包括暂停、结束、看门狗复位等指令，指令格式见表 6.1。

表 6.1 系统控制类指令

LAD	STL	功能
—(STOP)	STOP	暂停指令
—(END)	END/MEND	条件/无条件结束指令
—(WDR)	WDR	看门狗复位指令

1.暂停指令（STOP）

使能输入有效时，立即终止程序的执行。指令执行的结果，CPU 工作方式由 RUN 切换到 STOP。在中断程序中执行 STOP 指令，该中断立即终止，并且忽略所有挂起的中断，继续扫描程序的剩余部分，在本次扫描的最后，将 CPU 由 RUN 切换到 STOP。

2.结束指令（END/MEND）

梯形图程序结束指令直接连在左侧电源母线时，为无条件结束指令（MEND），不连在左侧母线时，为条件结束指令（END）。

条件结束指令在使能输入有效时，终止用户程序的执行，返回主程序的第一条指令执行（循环扫描工作方式）。

无条件结束指令执行时（指令直接连在左侧母线，无使能输入），立即终止用户程序的执行，返回主程序的第一条指令执行。

结束指令只能在主程序中使用，不能在子程序和中断服务程序中使用。

STEP 7 – Micro/WIN 编程软件在主程序的结尾自动生成无条件结束指令，用户不得输入无条件结束指令，否则编译出错。

3.看门狗复位指令(WDR)

看门狗定时器设有 500 ms 重启动时间,每次扫描它都被自动复位一次,正常工作时扫描周期小于 500 ms,它不起作用。若扫描周期大于 500 ms,看门狗定时器会停止执行用户程序,例如过长的用户程序、过长的中断时间、过长的循环时间。

看门狗复位指令工作原理:使能输入有效时,将看门狗定时器复位,在没有看门狗错误的情况下,可以增加一次扫描允许的时间;若使能输入无效,看门狗定时器定时时间到,程序将中止当前指令的执行,重新启动,返回到第一条指令重新执行。

使用 WDR 指令时,要防止过度延迟扫描完成时间,否则,在终止本扫描之前,下列操作过程将被禁止(不予执行):通信(自由端口方式除外)、I/O 更新(立即 I/O 除外)、强制更新、SM 更新(SM0,SM5 ~ SM29 不能被更新)、运行时间诊断、中断程序中的 STOP 指令。扫描时间超过 25 s,10 ms 和 100 ms 定时器将不能正确计时。

【例6.1】　暂停(STOP)、条件结束(END)、看门狗复位指令应用如图6.2 所示。

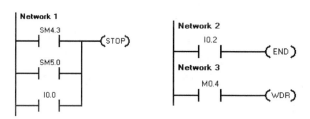

图6.2　例6.1图

4.诊断 LED 指令

S7 - 200 PLC 检测到致命错误时,SF/DIAG(故障/诊断) LED 发出红光。在 V4.0 版编程软件的系统块的"配置 LED"选项卡中,如果选择了有变量被强制或有 I/O 错误时 LED 亮,出现上述诊断事件时 LED 将发黄光。如果两个选项都没有被选择,SF/DIAG LED 发黄光只受 DIAG_LED 指令的控制。如果此时指令的输入参数 IN 为 0,诊断 LED 不亮。如果 IN 大于 0,诊断 LED 发黄光。图6.3 的 VB10 中如果有非 0 的错误代码,将使诊断 LED 亮。

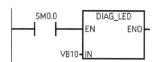

图6.3　诊断 LED 指令

6.2.2　跳转、循环指令

跳转、循环指令用于程序执行顺序的控制,格式见表6.2。

1.跳转指令(JMP)

跳转指令(JMP)和跳转地址标号指令(LBL)配合实现程序的跳转。使能输入有效时,使程序跳转到指定标号 n 处执行(在同一程序内),跳转标号 $n = 0 \sim 255$;使能输入无效时,程序顺序执行。

表6.2　跳转、循环指令格式

LAD	STL	功能
????　　　???? —(JMP)　LBL	JMP n LBL n	跳转指令 跳转标号
FOR EN　ENO —(NEXT) ????-INDX ????-INIT ????-FINAL	FOR IN1,IN2,IN3 NEXT	循环开始 循环返回
SBR_0 EN —(RET)	CALL SBR0 CRET RET	子程序调用 子程序条件返回 自动生成无条件返回

2. 循环控制指令(FOR)

程序循环结构用于描述一段程序的重复循环执行。由 FOR 和 NEXT 指令构成程序的循环体。FOR 指令标记循环的开始,NEXT 指令为循环体的结束指令。

FOR 指令为指令盒格式,主要参数有使能输入 EN,当前值计数器 INDX,循环次数初始值 INIT,循环计数终值 FINAL。

循环控制指令工作原理如下。

(1)使能输入有效,循环体开始执行,执行到 NEXT 指令时返回,每执行一次循环体,当前计数器 INDX 增1,达到终值 FINAL 时,循环结束。例如 FINAL 为10,使能输入有效时,执行循环体,同时 INDX 从1开始计数,每执行一次循环体,INDX 当前值加1,执行至10次时,当前值也计到10,循环结束。

(2)使能输入无效时,循环体程序不执行。每次使能输入有效,指令自动将各参数复位。FOR/NEXT 指令必须成对使用,循环可以嵌套,最多为8层。

6.2.3　子程序调用指令

1. 局部变量表

1)局部变量与全局变量

程序中的每个 POU 均有自己的由64个字节 L 存储器组成的局部变量表。它们用来定义有范围限制的变量,局部变量只在它被创建的 POU 中有效。与之相反,全局符号在各 POU 中均有效,只能在符号表/全局变量表中定义。全局符号与局部变量名称相同时,在定义局部变量的 POU 中,该局部变量的定义优先,该全局定义则在其他 POU 中使用。

局部变量有以下优点。

(1)在子程序中只用局部变量,不用绝对地址或全局符号,子程序可移植到别的项目去。

(2)如果使用临时变量(TEMP),同一片物理存储器可在不同的程序中重复使用。

局部变量还用来在子程序和主调程序之间传递输入参数和输出参数。

在编程软件中,将水平分裂条拉至程序编辑器视窗的顶部,则隐藏局部变量表;将分裂条下拉,将再次显示局部变量表。

2)局部变量的类型

TEMP 是暂时保存在局部数据区中的变量。只有在执行该 POU 时,定义的临时变量才被使用,POU 执行完后,不再使用临时变量的数值。在主程序或中断程序中,局部变量表只包含 TEMP 变量。子程序中的局部变量表还有下面的三种变量:IN(输入变量)、OUT(输出变量)、IN_OUT(输入/输出变量)。

3)局部变量的赋值

在局部变量表中赋值时,只需指定声明局部变量的类型(TEMP、IN、IN_OUT 或 OUT)和数据类型(参见 SIMATIC 和 IEC 1131—3 的数据类型),但不指定存储器地址,程序编辑器自动地在 L 存储区中为所有局部变量指定存储器位置。起始地址为 L0,每字节 8 位,能访问到位。字节、字和双字在局部存储器中按字节顺序分配,例如 LBx、LWx 或 LDx。

4)在局部变量表中增加新的变量

对于主程序与中断程序,局部变量表显示一组已被预先定义为 TEMP 变量的行。要向表中增加行,只需用右键单击表中的某一行,选择"插入"→"行"指令,在所选择的上部插入新的行,选择"插入"→"下一行"指令,在所选行的下部插入新的行。

对于子程序,局部变量表显示数据类型被预先定义为 IN、IN_OUT、OUT 和 TEMP 的一系列行,不能改变它们的顺序。如果要增加新的局部变量,必须用鼠标右键单击已有的行,并用弹出菜单在所击行的上下插入相同类型的另一局部变量。

5)局部变量数据类型检查

局部变量作为参数向子程序传递时,在该子程序的局部变量表中指定的数据类型必须与调用 POU 中的数据类型值匹配。

例如在主程序 OB1 调用子程序 SBR0,使用名为 INPUT1 的全局符号作为子程序的输入参数。在 SBR0 的局部变量表中,已经定义了一个名为 FIRST 的局部变量作为该输入参数。当 OB1 调用 SBR0 时,INPUT1 的数值被传入 FIRST,INPUT1 和 FIRST 的数据类型必须匹配。

6)在局部变量表中进行赋值

在程序中使用符号名时,程序编辑器首先检查有关 POU 的局部变量表,然后检查符号表/全局变量表。如果某符号名在两处都没有定义,程序编辑器则将其视为全局符号,程序编辑器指定一条绿色波浪状下画线,并将名称括在双引号中,例如"UndefinedLocalVar"(未定义的局部变量)。如果后来对该符号名赋了值,程序编辑器不会自动再次读取局部变量表并修改它。为了将该符号名作为局部变量使用,必须手工删除程序代码中的引号,并在符号名前插入#号,例如改为"#UndefinedLocalVar"。

各子程序最多可调用 16 个输入/输出参数,如果超出 16 个,将返回错误。选择希望的变量类型所在的行,并在名称域中键入变量名称,在数据类型域中键入数据类型。不需在局部变量表中的变量名称前加#号,#号只在程序代码中的局部变量名之前使用。

局部变量名可包含数字、字母和下画号("_"),也可以包含扩展字符(ASCII 128~255)。第一个字符必须是字母或扩展字符,关键字不能作为符号名。

局部变量表中的变量名被下载和存储在 CPU 存储器中,使用较长的变量名将占用较多的存储空间。

2. 子程序

STEP 7 – Micro/WIN 在程序编辑器窗口里为每个 POU 提供一个独立的页。主程序总是第一页,后面是子程序或中断程序。因为各个程序在编辑器窗口里被分开,编译时在程序结束的地方自动加入无条件结束指令或无条件返回指令,用户程序只能使用条件结束和条件返回指令。

通常将具有特定功能,并且多次使用的程序段作为子程序。子程序可以多次被调用,也可以嵌套(最多8层),还可以递归调用(自己调自己)。子程序有子程序调用和子程序返回两大类指令,子程序返回又分条件返回和无条件返回。子程序调用指令用在主程序或其他调用子程序的程序中,子程序的无条件返回指令在子程序的最后网络段,梯形图指令系统能够自动生成子程序的无条件返回指令,用户无须输入。

子程序的调用是有条件的,未调用它时不会执行子程序中的指令,因此使用子程序可以减少扫描时间;同时,使整个程序功能清晰,易于查错和维护;还能减少存储空间。为了移植子程序,应避免使用全局符号和变量,例如 V 存储区中的绝对地址。

1)子程序的创建

在编程软件的程序数据窗口的下方有主程序(OBl)、子程序(SUB0)、中断服务程序(INT0)的标签,点击子程序标签即可进入 SUB0 子程序显示区。也可以通过指令树的项目进入子程序 SUB0 显示区。添加一个子程序时,可以用编辑菜单的插入项增加一个子程序,子程序编号 n 从 0 开始自动向上生成。用鼠标右键点击指令树中的子程序或中断程序的图标,在弹出的菜单中选择"重新命名",可以修改它们的名称。

2)带参数的子程序调用指令

子程序可能有要传递的参数(变量和数据),这时可以在子程序调用指令中包含相应参数,它可以在子程序与调用程序之间传送。参数(变量和数据)必须有符号名(最多8个字符)、变量和数据类型等内容。子程序最多可传递 16 个参数。传递的参数在子程序局部变量表中定义。局部变量表中的变量有 IN、OUT、IN/OUT 和 TEMP 等四种类型。

IN 类型:将指定位置的参数传入子程序。参数的寻址方式可以是直接寻址(如 VB10)、间接寻址(如 * AC1)、立即数(如 1234),也可以将数据的地址值传入子程序(如 &VB100)。

OUT 类型:它是子程序的结果值(数据),被返回给调用它的 POU,常数和地址值不允许作为输出参数。

IN/OUT 类型:将指定位置的参数传到子程序,从子程序来的结果值被返回到同样的地址。常数和地址值不允许作为输出参数。

TEMP 类型:局部存储器只能用作子程序内部的暂时存储器,不能用来传递参数。

局部变量表的数据类型可以是能流、布尔(位)、字节、字、双字、整数、双整数和实数型。能流是指仅允许对位输入操作的布尔能流(布尔型),梯形图表达形式为用触点(位输入)将电源母线和指令盒连接起来。

在局部变量表输入变量名称、变量类型、数据类型等参数以后,双击指令树中子程序(或选择点击方框快捷按钮,在弹出的菜单中选择子程序项)。在梯形图显示区显示出带参数的子程序调用指令盒。

局部变量表变量类型的修改方法:用光标选中变量类型区,点击鼠标右键得到一个下拉菜单,选择插入项,弹出一个下拉子菜单,点击选中的类型,在变量类型区光标所在处可以得到选中的类型。

给子程序传递参数时,它们放在子程序的局部存储器(L)中,局部变量表最左列是每个被传递参数的局部存储器地址。

子程序调用时,输入参数被拷贝到局部存储器。子程序完成时,从局部存储器拷贝输出参数到指定的输出参数地址。

图6.4列出了自动送料装车系统自动子程序的局部变量表。

		IN	
L0.0	i20	IN_OUT	BOOL
L0.1	i21	IN_OUT	BOOL
		IN_OUT	
L0.2	q00	OUT	BOOL
L0.3	q01	OUT	BOOL
L0.4	q02	OUT	BOOL
L0.5	q03	OUT	BOOL
L0.6	q04	OUT	BOOL
L0.7	q05	OUT	BOOL
L1.0	q06	OUT	BOOL
		OUT	

图6.4　子程序参数创建

6.2.4　中断程序与中断指令

1. 中断程序

中断程序不是由程序调用,而是在中断事件发生时由操作系统调用。因为不能预知系统何时调用中断程序,它不能改写其他程序使用的存储器,为此应在中断程序中使用局部变量。在中断程序中可以调用一级子程序,累加器和逻辑堆栈在中断程序和被调用的子程序中是公用的。

可采用下列方法创建中断程序:在"编辑"菜单中选择"插入"→"中断";在程序编辑器视窗中按鼠标右键,从弹出菜单中选择"插入"→"中断";用鼠标右键击指令树上的"程序块"图标,并从弹出菜单中选择"插入"→"中断"。创建成功后程序编辑器将显示新的中断程序,程序编辑器底部出现标有新的中断程序的标签,可以对新的中断程序编程。

中断处理提供对特殊内部事件或外部事件的快速响应。应优化中断程序,执行完某项特定任务后立即返回主程序。应使中断程序尽量短小,以减少中断程序的执行时间,减少对其他处理的延迟,否则可能引起主程序控制的设备操作异常。设计中断程序时应遵循"越短越好"的原则。

2. 中断指令

各种中断事件描述见表6.3。

表 6.3　中断事件描述

中断号	中断描述	优先级分组	按组排列的优先级
8	通信口 0:字符接收	通信(最高)	0
9	通信口 0:发送完成		0
23	通信口 0:报文接收完成		0
24	通信口 1:报文接收完成		1
25	通信口 1:字符接收		1
26	通信口 1:发送完成		1
19	PTO0 脉冲输出完成	数字量(中等)	0
20	PTO1 脉冲输出完成		1
0	I0.0 的上升沿		2
2	I0.1 的上升沿		3
4	I0.2 的上升沿		4
6	I0.3 的上升沿		5
1	I0.0 的下降沿		6
3	I0.1 的下降沿		7
5	I0.2 的下降沿		8
7	I0.3 的下降沿		9
12	HSC0CV = PV(当前值 = 设定值)		10
27	HSC0 方向改变		11
28	HSC0 外部复位		12
13	HSC1CV = PV(当前值 = 设定值)		13
14	HSC1 方向改变		14
15	HSC1 外部复位		15
16	HSC2CV = PV(当前值 = 设定值)		16
17	HSC2 方向改变		17
18	HSC2 外部复位		18
32	HSC3CV = PV(当前值 = 设定值)		19
29	HSC4CV = PV(当前值 = 设定值)		20
30	HSC4 方向改变		21
31	HSC4 外部复位		22
33	HSC5CV = PV(当前值 = 设定值)		23
10	定时中断 0	定时(最低)	0
11	定时中断 1		1
21	定时器 T32 的 CT = PT		2
22	定时器 T96 的 CT = PT		3

1)全局性的中断允许指令与中断禁止指令

中断允许指令 ENI(Enable Interrupt)全局性地允许所有被连接的中断事件。

禁止中断指令 DISI(Disable Interrupt)全局性地禁止处理所有中断事件,允许中断排队等候,但是不允许执行中断程序,直到用全局中断允许指令 ENI 重新允许中断。

进入 RUN 模式时自动禁止中断。在 RUN 模式执行全局中断允许指令后,各中断事件发生时是否会执行中断程序,取决于是否执行了该中断事件的中断连接指令。

使 ENO =0 的错误条件:SM4.3(运行时间),0004(在中断程序中执行 ENI、DISI、HDEF 指令)。

中断程序有条件返回指令 CRETI(Conditional Return from Interrupt)在控制它的逻辑条件满足时从中断程序返回。编程软件自动地为各中断程序添加无条件返回指令。

2)中断连接指令与中断分离指令

中断连接指令 ATCH(Attach Interrupt)用来建立中断事件(EVNT)和处理此事件的中断程序(INT)之间的联系。中断事件由中断事件号指定,中断程序由中断程序号指定。为某个中断事件指定中断程序后,该中断事件被自动地允许。其格式见表6.4。

表6.4 中断指令格式

LAD	STL	功能描述
—(ENI)	ENI	允许中断
—(DISI)	DISI	禁止中断
ATCH EN ENO ????-INT ????-EVNT	ATCH INT,EVNT	给事件分配中断程序
DTCH EN ENO ????-EVNT	DTCH EVNT	解除中断事件

使 ATCH 指令的 ENO =0 的错误条件:SM4.3(运行时间),0002(HSC 输入赋值冲突)。

中断分离指令 DTCH(Detach Interrupt)用来断开中断事件(EVNT)与中断程序(INT)之间的联系,从而禁止单个中断事件。

在启动中断程序之前,应在中断事件和该事件发生时希望执行的中断程序之间,用 ATCH 指令建立联系,使用 ATCH 指令后,该中断程序在事件发生时被自动启动。

多个中断事件可以调用同一个中断程序,但一个中断事件不能调用多个中断程序。中断被允许且中断事件发生时,将执行为该事件指定的最后一个中断程序。

在中断程序中不能使用 DISI、ENI、HDEF、LSCR 和 END 指令。

3. 中断优先级与中断队列溢出

中断按以下固定的优先级顺序执行:通信(最高优先级)、I/O 中断和定时中断(最低优先级)。在上述3个优先级范围内,CPU 按照先来先服务的原则处理中断,任何时刻只能执行一个用户中断程序。一旦一个中断程序开始执行,它要一直执行到完成,即使另一程序的优先级较高,也不能中断正在执行的中断程序。正在处理其他中断时发生的中断事件要排队等待处理。3 个中断队列及其能保存的最大中断个数见表 6.5。

表 6.5 中断队列和各队列的最大中断个数

队列	CPU 221	CPU 222	CPU 224	CPU 226
通信中断队列	4	4	4	8
I/O 中断队列	16	16	16	16
定时中断队列	8	8	8	8

如果发生中断过于频繁,使中断产生的速率比可处理的速率快,或中断被 DISI 指令禁止,中断队列溢出状态位被置 1。只能在中断程序中使用这些位,因为当队列变空或返回主程序时这些位被复位。

1)通信口中断

PLC 的串行通信口可由用户程序控制,通信口的这种操作模式称为自由端口模式。在该模式下,接收信息完成、发送信息完成和接收一个字符均可产生中断事件,利用接收和发送中断可简化程序对通信的控制。

2)I/O 中断

I/O 中断包括上升沿中断、下降沿中断、高速计数器(HSC)中断和脉冲列输出(PTO)中断。CPU 可用输入点 I0.0 ~ I0.3 的上升沿或下降沿产生中断。高速计数器中断允许响应 HSC 的计数当前值等于设定值、计数方向改变(相应于轴转动的方向改变)和计数器外部复位等中断事件。高速计数器可实时响应高速事件,而 PLC 的扫描工作方式不能快速响应这些高速事件。完成指定脉冲数输出时也可以产生中断,脉冲列输出可用于步进电机等。

【例 6.2】 在 I0.0 的上升沿通过中断使 Q0.0 立即置位。在 I0.1 的下降沿通过中断使 Q0.0 立即复位。

```
//主程序 OB1
LD       SM0.1
ATCH     INT_0,0        //I0.0 上升沿时执行 0 号中断程序
ATCH     INT_1,3        //I0.1 下降沿时执行 1 号中断程序
ENI                     //允许全局中断
//中断程序 0(INT_0)
LD       SM0.0
SI       Q0.0,1         //使 Q0.0 立即置位
//中断程序 1(INT_1)
LD       SM0.0
RI       Q0.0,1         //使 Q0.0 立即复位
```

3)定时中断

可用定时中断来执行一个周期性的操作,以 1 ms 为增量,周期的时间可取 1 ~ 255 ms。定时中断 0 和中断 1 的时间间隔分别写入特殊存储器字节 SMB34 和 SMB35。每当定时器的

定时时间到时,执行相应的定时中断程序,例如可以用定时中断来采集模拟量和执行 PID 程序。如果定时中断事件已被连接到一个定时中断程序,为了改变定时中断的时间间隔,首先必须修改 SMB34 或 SMB35 的值,然后重新把中断程序连接到定时中断事件上。重新连接时,定时中断功能清除前一次连接的定时值,并用新的定时值重新开始定时。

定时中断一旦被允许,中断就会周期性地不断产生,每当定时时间到,就会执行被连接的中断程序。如果退出 RUN 状态或定时中断被分离,定时中断就被禁止。如果执行了全局中断禁止指令,定时中断事件仍会连续出现,每个定时中断事件都会进入中断队列,直到中断队列满。

定时器 T32/T96 中断允许及时地响应一个给定的时间间隔,这些中断只支持 1 ms 分辨率的通电延时定时器(TON)和断电延时定时器(TOF)T32 和 T96。一旦中断允许,当定时器当前值等于设定值时,在 CPU 的 1 ms 定时刷新中,执行被连接的中断程序。

6.2.5　顺序控制指令

梯形图程序的设计思想也和其他高级语言一样,应该首先用程序流程图来描述程序的设计思想,然后再用指令编写出符合程序设计思想的程序。梯形图程序常用的一种程序流程图叫程序的功能流程图,使用功能流程图可以描述程序的顺序执行、循环、条件分支,程序的合并等功能流程概念。顺序控制指令可以将程序功能流程图转换成梯形图程序,功能流程图是设计梯形图程序的基础。

1. 功能流程图简介

功能流程图是按照顺序控制的思想根据工艺过程,将程序的执行分成各个程序步,每一步由进入条件、程序处理、转换条件和程序结束等四部分组成。通常用顺序控制继电器位 S0.0 ~ S31.7 代表程序的状态步。一个三步循环步进的功能流程图如图 6.5 所示,该图中 1、2、3 分别代表程序三步状态,程序执行到某步时,该步状态位置 1,其余为 0,步进条件又称为转换条件,有逻辑条件、时间条件等步进转换条件。

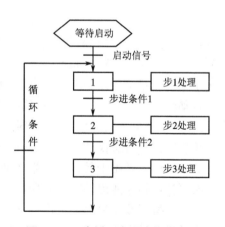

图 6.5　三步循环步进功能流程图

2. 顺序控制指令

顺序控制用 3 条指令描述程序的顺序控制步进状态,指令格式见表 6.6。

表 6.6　顺序控制指令格式

LAD	STL	功能
??.? SCR	LSCR　Sx.y	步开始

LAD	STL	功能
??.? —(SCRT)	SCRT Sx.y	步转移
├—(SCRE)	SCRE	步结束

1)顺序步开始指令(LSCR)

顺序控制继电器位 Sx.y=1 时,该程序步执行。

2)顺序步转移指令(SCRT)

使能输入有效时,将本顺序步的顺序控制继电器位清 0,下一步顺序控制继电器位置 1。

3)顺序步结束指令(SCRE)

顺序步的处理程序在 LSCR 和 SCRE 之间。

6.3 梯形图程序设计

6.3.1 工作模式

电气自动化系统的工作模式也称工作方式,是控制方法的归纳总结,是衡量电气设备的电气性能、电气系统的自动化水平的一个重要指标。常用的工作模式有手动、自动、单循环(单周期、半自动)和单步,也有从其他方面命名的模式。

手动模式可单独控制某一输出,可用于所有设备的硬件调试,也可用于简单生产。

自动模式是在生产中使用最多的一种方式,按下自动按钮后,系统应能够实现连续的生产,是生产效率最高的工作方式,此时一般不能单独控制某一输出。

单周期方式每次仅循环一次,即一个周期,又称单循环、半自动方式,这种方式较自动循环方式效率低。常用于具有步进生产的设备,如电镀、淬火、机械手等生产过程,本周期结束后只有再按按钮才能启动下一周期。

单步时按下按钮每次只工作一步,一个周期需按多次按钮,主要是用于步进系统的调试,以便设计者能够方便调试出满意的效果。

6.3.2 资源分配

自动送料装车系统资源分配见表 6.7。

表 6.7　自动送料装车系统资源分配

类别	地址	作用
输入	I2.0	漏斗上限位开关 S1
	I2.1	车辆检测开关 S2
	I0.0	模式开关
	I0.1	手动送料
	I0.2	手动下料
	I0.3	手动启停电机 M1
	I0.4	手动启停电机 M2
	I0.5	手动启停电机 M3
	I0.6	绿灯手动控制
	I0.7	红灯手动控制
输出	Q0.0	送料开关 K1
	Q0.1	漏斗开关 K2
	Q0.2	电机 M1
	Q0.3	电机 M2
	Q0.4	电机 M3
	Q0.5	绿灯 L1
	Q0.6	红灯 L2

6.3.3　控制程序

机械手控制梯形图程序见表 6.8。

表 6.8　机械手控制梯形图程序(顺控指令)

梯形图程序	注释
主程序 网络 1 SM0.1　Q0.0（R 8） 　　　S0.0（R 4） 　　　S0.0（S 1） 　　　T37（R 2）	//初始化

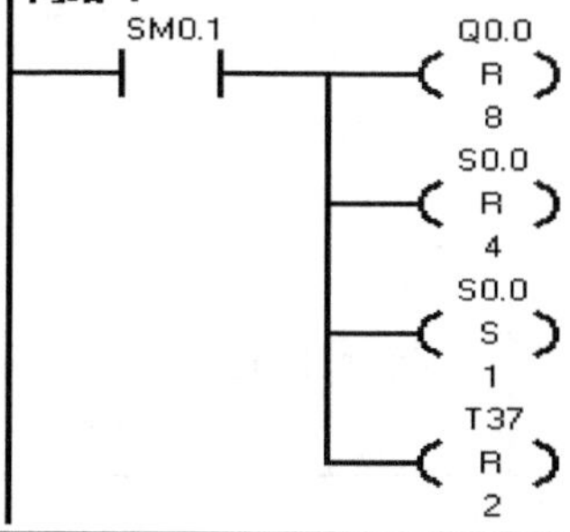

梯形图程序	注释
网络 2 	//手动子程序
网络 3 	//启动 S0.0
网络 4 	//自动子程序
网络 5 	//退出自动时的后续处理
手动子程序	
网络 1 	//手动送料
网络 2 	//手动下料
网络 3 	//手动启停电机 M1
网络 4 	//手动启停电机 M2

梯形图程序	注释
网络 5 I0.5 ── Q0.4	//手动启停电机 M3
网络 6 I0.6 ── Q0.5	//绿灯手动控制
网络 7 I0.7 ── Q0.6	//红灯手动控制

自动子程序

梯形图程序	注释
S0.0 SCR SM0.0 ──┤├── #q05:L0.7 ( ) 　　　　　#i21:L0.1 ── S0.1 (SCRT) 　　　　　#q06:L1.0 (R) 1 ──(SCRE)	//等待
S0.1 SCR SM0.0 ──┤├── #q04:L0.6 (S) 1 　　　　T37 IN TON 　　　　+80─PT 100 ms 　　T37 >=I +20 ── #q03:L0.5 (S) 1 　　T37 >=I +40 ── #q02:L0.4 (S) 1 　　T37 >=I +60 ── #q00:L0.2 ──┤/├── #q01:L(　　#q06:L1.0 (S) 1 　　#i21:L0.1 ──┤/├── S0.2 (SCRT) ──(SCRE)	//传送带启动装车

续表

梯形图程序	注释
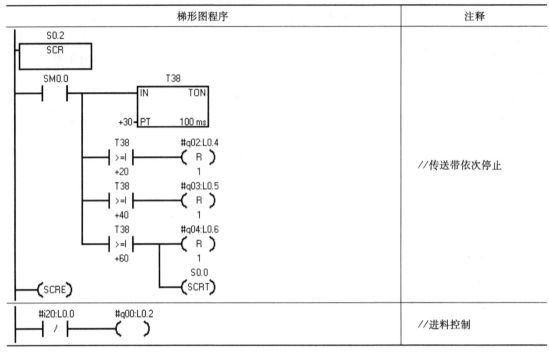	//传送带依次停止
	//进料控制

6.4 拓展实训:运料小车的控制

6.4.1 工艺要求

在自动化生产线上,有些生产机械的工作台需要按一定的顺序实现自动往返运动,并且有的还要求在某些位置有一定时间的停留,以满足生产工艺要求。如果使用人力推车送料,生产效率会很低。用 PLC 程序实现运料小车自动往返控制,使生产实现自动化,降低了劳动成本。其程序设计简易、方便、可靠性高,且程序设计方法多样,便于不同层次设计人员的理解和掌握。

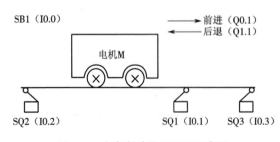

图 6.6 小车自动往返工况示意图

图 6.6 所示为小车自动往返工况示意图。小车一个工作周期的控制要求如下。

(1)按下启动按钮 SB1(I0.0),小车电机正转(Q1.0),小车第一次前进,碰到限位开关 SQ1(I0.1)后小车电机反转(Q1.1),小车后退。

(2)小车后退碰到限位开关 SQ2

（I0.2）后，小车电机 M 停转。停 5 s 后，第二次前进，碰到限位开关 SQ3（I0.3），再次后退。

（3）第二次后退碰到限位开关 SQ2（I0.2）时，小车停止。

6.4.2　解决方案

1.方案一

本例的输出较少，只有电机正转输出 Q1.0 及反转输出 Q1.1，但控制工况却比较复杂。由于分为第一次前进、第一次后退、第二次前进、第二次后退，且限位开关 SQ1 在两次前进过程中，限位开关 SQ2 在两次后退过程中所起的作用不同，想直接绘制针对 Q1.0 及 Q1.1 的自锁电路梯形图就不容易了。于是就想着应当将自锁电路的内容弄简单点，不直接针对电机的正转及反转列写梯形图，而是针对第一次前进、第一次后退、第二次前进、第二次后退列写自锁电路梯形图程序。为此编写梯形图程序如图 6.7 所示。图中 PLC"记住"第二次前进的"发生"，以 M10.2 作为第二次前进继电器。图中将两次后退综合到一起，还增加了前进与后退继电器的互锁。选定时器 T37 控制小车第一次后退在 SQ2 处停止的时间。本例的资源分配见表 6.9。

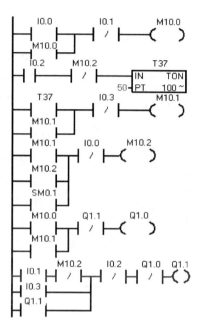

图 6.7　小车往返控制方案一梯形图程序

表 6.9　运料小车的控制编程元件分配表

类别	地址	作用
输入器件	I0.0	启动
	I0.1	中间限位开关
	I0.2	左限位开关
	I0.3	右限位开关
输出器件	Q1.0	电机正转
	Q1.1	电机反转
内部器件	M10.0	准备状态
	M10.1	第一次前进状态
	M10.2	第一次后退状态
	M10.3	延时第一次前进状态
	M10.4	第二次前进状态
	M10.5	第二次后退状态
	T37	5 s 定时器

2. 方案二

方案一虽然实现了控制功能,但这种梯形图程序的可读性不好,初学者理解起来不容易。下面换个编程方法,由方案一中的困难可以想到,小车运行的 4 个工况主要是牵涉过多,第二次前进后退中要两次经过 SQ1 但又不希望 SQ1 起作用,但在图 6.7 中,既然 SQ1 写在程序中了,程序又是全部要执行的,SQ1 就不能不起作用。那么能不能让 PLC 有选择地执行一些程序段呢?于是就想到复位及置位指令,希望用复位、置位指令结合辅助继电器建立一些对程序段选择的开关实现对程序段的选择。具体的编程思路是,将整个控制过程分成几个步骤,即准备、第一次前进、第一次后退、第二次前进、第二次后退,并用辅助继电器 M10.1 ~ M10.5 表示它们,再辅以置位、复位指令,使各步骤中的控制动作限定在 M10.1 ~ M10.5。

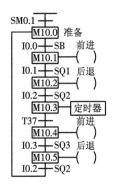

图 6.8 小车往返控制步序图

在分别顺序接通的控制过程中,SQ1 在两次前进中、SQ2 在两次后退过程中所起的作用不同的问题就迎刃而解了。图 6.8 是小车工作的步序图,图 6.9 是采用这种编程思路完成的梯形图程序。这样,将一个较复杂的问题分为两个部分处理,即控制过程的流程及各控制步骤都具体做什么。

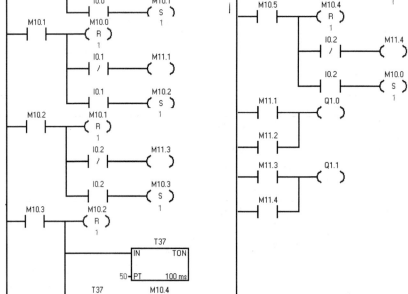

图 6.9 小车往返控制方案二梯形图程序

3. 方案三

使用顺控指令,则可以更加规范地编写程序,见表6.10。

表 6.10　小车往返控制方案三程序

梯形图程序	注释	语句表程序
Network 1 SM0.1 —— MOV_B EN ENO 0 — IN OUT — SB0	//第一个扫描周期初始化 SB0	Network 1 LD　　SM0.1 MOVB　0, SB0
Network 2 SM0.1　　S0.0 ——(S) 　　1	//第一个扫描周期进入 S0.0	Network 2 LD　　SM0.1 S　　S0.0, 1
Network 3 S0.0 SCR **Network 4** I0.0　　S0.1 ——(SCRT) **Network 5** ——(SCRE)	//等待启动信号	Network 3 LSCR　　S0.0 Network 4 LD　　I0.0 SCRT　　S0.1 Network 5 SCRE
Network 6 S0.1 SCR **Network 7** SM0.0　　M10.1 ——( ) **Network 8** I0.1　　S0.2 ——(SCRT) **Network 9** ——(SCRE)	//第一次前进	Network 6 LSCR　　S0.1 Network 7 LD　　SM0.0 =　　M10.1 Network 8 LD　　I0.1 SCRT　　S0.2 Network 9 SCRE
Network 10 S0.2 SCR **Network 11** SM0.0　　M10.2 ——( ) **Network 12** I0.2　　S0.3 ——(SCRT) **Network 13** ——(SCRE)	//第一次后退	Network 10 LSCR　　S0.2 Network 11 LD　　SM0.0 =　　M10.2 Network 12 LD　　I0.2 SCRT　　S0.3 Network 13 SCRE

梯形图程序	注释	语句表程序
Network 14 S0.3 SCR **Network 15** SM0.0　　T37 IN　　TON 50-PT　　100 ms **Network 16** T37　　S0.4 (SCRT) **Network 17** (SCRE)	//延时 5 s	Network 14 LSCR　　S0.3 Network 15 LD　　SM0.0 TON　　T37 , 50 Network 16 LD　　T37 SCRT　　S0.4 Network 17 SCRE
Network 18 S0.4 SCR **Network 19** SM0.0　　M10.3 ( ) **Network 20** I0.3　　S0.5 (SCRT) **Network 21** (SCRE)	//第二次前进	Network 18 LSCR　　S0.4 Network 19 LD　　SM0.0 =　　M10.3 Network 20 LD　　I0.3 SCRT　　S0.5 Network 21 SCRE
Network 22 S0.5 SCR **Network 23** SM0.0　　M10.4 ( ) **Network 24** I0.2　　S0.0 (SCRT) **Network 25** (SCRE)	//第二次后退	Network 22 LSCR　　S0.5 Network 23 LD　　SM0.0 =　　M10.4 Network 24 LD　　I0.2 SCRT　　S0.0 Network 25 SCRE
Network 26 M10.1　　Q1.1　　Q1.0 ／　　( ) M10.3	//电机正转,小车前进	Network 26 LD　　M10.1 O　　M10.3 AN　　Q1.1 =　　Q1.0

续表

梯形图程序	注释	语句表程序
Network 27 M10.2 Q1.0 Q1.1 M10.4	//电机反转,小车后退	Network 27 LD M10.2 O M10.4 AN Q1.0 = Q1.1

习 题

1. 程序控制类指令有哪些?

2. 怎样插入带参数的子程序?

3. 怎样画顺序功能图?

4. 设计图 6.10 所示顺序功能图的梯形图程序。

5. 设计图 6.11 所示顺序功能图的梯形图程序。

6. 按下述控制要求设计程序:首次扫描时给 Q0.0 ~ Q0.7 置初值 85,用 T32 中断定时,控制接在 Q0.0 ~ Q0.7 上的 8 个彩灯循环左移。

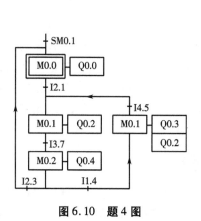

图 6.10 题 4 图

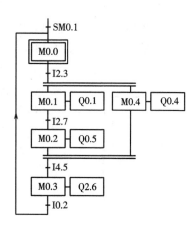

图 6.11 题 5 图

项目7　电炉恒温控制

学习目标：

　　通过对本项目的学习,学会模拟量模块的选取与设置,模拟量输入输出接线,模拟量采集、变换、限制,PID 控制;了解调功器控制。

7.1　电炉恒温控制工艺分析

7.1.1　电炉简介

　　电炉在工业上得到广泛应用,按作业方式分为周期式作业炉和连续式作业炉;按工作温度分为 650 ℃以下的低温炉,650 ~ 1 000 ℃的中温炉,1 000 ℃以上的高温炉。在高温和中温炉内主要以辐射方式加热。电热元件应具有很高的耐热性和高温强度、很低的电阻温度系数和良好的化学稳定性。常用的材料有金属和非金属两大类。金属电热元件材料有镍铬合金、铬铝合金、钨、钼、钽等,一般制成螺旋线、波形线、波形带和波形板。非金属电热元件材料有碳化硅、二硅化钼、石墨和碳等,一般制成棒、管、板、带等形状。与火焰炉相比,电炉具有结构简单、炉温均匀、便于控制、加热质量好、无烟尘、无噪声等优点,但使用费较高。

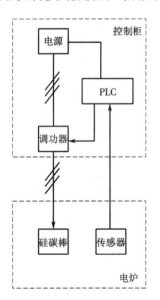

图 7.1　电炉温控系统结构图

7.1.2　电炉温控系统

　　温控系统主要由温度传感器、温度调节仪、执行装置、被控对象四部分组成,其系统结构如图 7.1 所示。被控对象是大容量、大惯性的电热炉温度,通常采用晶闸管作调节器的执行器。该电炉工作温度为 800 ℃,采用硅碳棒加热,功率为 20 kW。

　　器件选取:K 分度号热电偶、调功器电流 60 A、西门子 EM 231 4AI × TC 模拟量输入模块、西门子 EM 235 输入输出模块。

7.2　模拟量配置

7.2.1　EM 235 的性能指标

模拟量扩展单元可将外部模拟量转换为 PLC 可处理的数字量及将 PLC 内部运算结果数字量转换为机外所需的模拟量。模拟量扩展单元有单独用于模/数转换的、单独用于数/模转换的,也有兼具模/数及数/模两种功能的。西门子模拟量扩展模块 EM235,具有 4 路模拟量输入及 1 路模拟量输出,可以用于恒温控制中。

1. EM 235 模拟量工作性能指标

表 7.1 给出了 EM 235 的输入输出技术规范。

表 7.1　EM 235 的输入输出技术参数

输入技术参数			输出技术参数		
最大输入电压		DC 30 V	隔离(现场到逻辑)		无
最大输入电流		32 mA	信号范围	电压输出	±10 V
输入滤波衰减		−3 dB,3.1 kHz		电流输出	0~20 mV
分辨率		12 位 A/D 转换器	分辨率,满量程	电压	12 位
隔离		否		电流	11 位
输入类型		差分	数据字格式		见图 7.4
输入范围	电压单极性	0~10 V,0~5 V, 0~1 V,0~500 mV, 0~100 mV,0~50 mV		电压输出	−32 000 ~ +32 000
				电流输出	0 ~ +32 000
	电压双极性	±10 V, ±5 V, ±2.5 V, ±1 V, ±500 mV, ±250 mV, ±100 mV, ±50 mV, ±25 mV	最差情况, 0~55 ℃	电压输出	±2% 满量程
				电流输出	±2% 满量程
	电流	0~20 mA	典型,25 ℃	电压输出	±5% 满量程
输入分辨率		见表 7.2		电流输出	±5% 满量程
A/D 转换时间		<250 μs			
模拟输入阶跃响应		1.5 ms 到 95%	设置时间	电压输出	100 μs
共模抑制		40 dB,DC 到 60 Hz		电流输出	2 ms
共模电压		信号电压加共模电压必须≤12 V	最大驱动	电压输出	5 000 Ω 最小
DC 24 V　电压范围		20.4 ~ 28.8 V		电流输出	500 Ω 最大
数据 字格式	双极性,满量程	−32 000 ~ +32 000			
	单极性,满量程	0 ~ 32 000			
DC 输入阻抗		≥10 MΩ 电压输出, 250 Ω 电流输出			

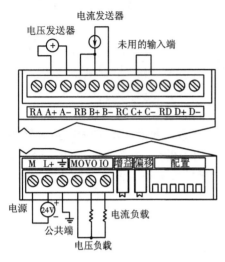

图 7.2　EM235 输入输出端子接线

为能适于各种规格的输入、输出量,模拟量处理模块都设计成可编程的,而转换生成的数字量一般具有固定的长度及格式。模拟量输出则希望将一定范围的数字量转换为标准电流量或标准电压量以方便与其他控制设备接口。表 7.1 中,输入、输出信号范围栏给出了 EM 235 的输入、输出信号规格,以供选用。图 7.2 中给出 EM 235 的接线端子情况,从图中可以看出输入端子在图的上方,4 路端子可分别接入 4 路输入。注意,当信号的类型(电流或电压)不同时,接线方法不一样。输出端子在图的下方。输出是电流量还是电压量在接法上有区别。除了图中所示输入信号线及输出信号线外,模块与主机还通过总线电缆连接。

2. 变送器的选择

变送器用于将传感器提供的电量或非电量转换为标准量程的直流电流或直流电压信号,例如 DC 0 ~ 10 V 和 DC 4 ~ 20 mA。变送器分为电流输出型和电压输出型。电压输出型变送器具有恒压源的性质,PLC 模拟量输入模块的电压输入端的输入阻抗很高,例如 100 kΩ ~ 10 MΩ。如果变送器距离 PLC 较远,通过线路间的分布电容和分布电感产生的干扰信号电流,在模块的输入阻抗上将产生较高的干扰电压。例如 1 μA 干扰电流在 10 MΩ 输入阻抗上将产生 10 V 的干扰电压信号,所以远程传送模拟量电压信号时抗干扰能力很差。

电流输出型变送器具有恒流源的性质,PLC 模拟量输入模块输入电流时,输入阻抗较小(例如 250 Ω)。线路上的干扰信号在模块的输入阻抗上产生的干扰电压很低,所以模拟量电流信号适于远程传送。电流传送比电压传送的传送距离远得多,S7 - 300/400 PLC 的模拟量输入模块使用屏蔽电缆信号时允许的最大传送距离为 200 m。

变送器分为二线制和四线制两种,四线制变送器有两根信号线和两根电源线。二线制变送器只有两根外部接线,它们既是电源线又是信号线,输出 4 ~ 20 mA 的信号电流,直流 24 V 电源串接在回路中,有的二线制变送器通过隔离式安全栅供电。通过调试,在被检测信号量程的下限时输出电流为 20 mA。二线制变送器的接线少,信号可以远传,在工业中得到了广泛的应用。

7.2.2　EM 235 的校准及配置

1. EM 235 的配置

模拟量模块在接入电路工作前需完成配置及校准,配置指根据实际需接入的信号类型对模块进行的一些设定。校准可以简单地理解为仪器仪表使用前的调零及调满度。配置及校准操作位置如图 7.3 所示。由图中可见增益及偏置调节使用的电位器及配置调节使用的 6 只开关。开关状态组合所对应的输入范围及分辨率见表 7.2,表中分成单极性输入及双极性输入两种情况。开关 SW1 ~ SW6 的分类功用见表 7.2,从表中可知开关 SW1 ~ SW3 用于衰减选择,SW4、SW5 用于增益选择,SW6 用于极性选择。从表 7.3 中增益、衰减及量程可以看出,无论对于哪一种量程,写入单元中模拟量输入字中满度值对应的模拟量的值是一样的,即有:

满量程输入 × 衰减 × 增益 = 模拟量输入字中数据所对应的模拟量实际值

经计算,这个值的绝对值为 4 V。

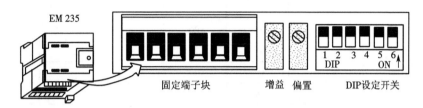

图 7.3　EM235 的校准电位器及 DIP 开关

表 7.2　EM 235 配置开关表

单极性						满量程输入	分辨率
SW1	SW2	SW3	SW4	SW5	SW6		
ON	OFF	OFF	ON	OFF	ON	0 ~ 50 mV	12.5 μV
OFF	ON	OFF	ON	OFF	ON	0 ~ 100 mV	25 μV
ON	OFF	OFF	OFF	ON	ON	0 ~ 500 mV	125 μV
OFF	ON	OFF	OFF	ON	ON	0 ~ 1 V	250 μV
ON	OFF	OFF	OFF	OFF	ON	0 ~ 5 V	1.25 mV
ON	OFF	OFF	OFF	OFF	ON	0 ~ 20 mA	5 μA
OFF	ON	OFF	OFF	OFF	ON	0 ~ 10 V	2.5 mV
双极性						满量程输入	分辨率
SW1	SW2	SW3	SW4	SW5	SW6		
ON	OFF	OFF	ON	OFF	OFF	± 25 mV	12.5 μV
OFF	ON	OFF	ON	OFF	OFF	± 50 mV	25 μV
OFF	OFF	ON	ON	OFF	OFF	± 100 mV	50 μV
ON	OFF	OFF	OFF	ON	OFF	± 250 mV	125 μV
OFF	ON	OFF	OFF	ON	OFF	± 500 mV	250 μV
OFF	OFF	ON	OFF	ON	OFF	± 1 V	500 μV
ON	OFF	OFF	OFF	OFF	OFF	± 2.5 V	1.25 mV
OFF	ON	OFF	OFF	OFF	OFF	± 5 V	2.5 mV
OFF	OFF	ON	OFF	OFF	OFF	± 10 V	5 mV

表 7.3　EM235 配置开关的用途及说明

EM 235 配置开关						极性		增益	衰减
SW1	SW2	SW3	SW4	SW5	SW6				
					ON	单极性			
					OFF	双极性			
			OFF	OFF				×1	
			OFF	ON				×10	
			ON	OFF				×100	
			ON	ON				无效	
ON	OFF	OFF							0.8
OFF	ON	OFF							0.4
OFF	OFF	ON							0.2

2. EM 235 的校准

校准输入的步骤如下。

(1)切断模块电源。使用配置开关选择需要的输入范围。

(2)接通 CPU 及各模块电源,并稳定 15 min。

(3)用一个传感器、一个电压源或一个电流源,将零值信号加到一个输入端。

(4)读出 CPU 中测量值。

(5)调节偏置电位器,使读数为零或为一个所需要的数据值。

(6)将一个满刻度信号接入某个输入端,读取 CPU 的值。

(7)调节增益电位器,直到 CPU 的读数为 32 000 或所需要的数据值。必要时,重复偏置及增益的校准过程。

3. 输入/输出数据字格式

EM 235 工作时,将输入模拟量转变为数字量。图 7.4 为输入数据字格式。最高有效位为符号位,0 表示正值。模拟量的数字转换值为 12 位数左对齐。单极性格式中,右端 3 个连续的 0 使得模数转换的计数值每变化一个单位,数据字则以 8 为单位变化。在双极性格式中,右端 4 个连续的 0 使得模数转换的计数值每变化一个单位,数据字则以 16 为单位变化。图 7.5 为输出数据字格式。模块的数字量至模拟量转换器的 12 位读数在其输出数据格式中是左对齐的。最高有效位为符号位,0 表示正值,数据在装载到转换器的寄存器之前,4 个连续的 0 是被截断的,对输出信号值不发生影响。

7.2.3　EM 235 的安装使用

1. EM 235 安装使用的一般过程

EM 235 安装使用的一般过程如下。

(1)根据输入信号的类型及变化范围设置 DIP 开关,完成模块的配置工作,必要时进行校准工作。

(2)完成硬件的接线工作。注意输入、输出信号的类型不同,采用不同的接入方式。为防

	MSB 15	14	…	2	1	LSB 0
AIW××	0	12位数据值		0	0	0

(a)

	MSB 15	…	3	2	1	LSB 0
AIW××	12位数据值		0	0	0	0

(b)

图7.4 EM 235输入数据字格式

(a)单极性 (b)双极性

	MSB 15	14	…	3	2	1	LSB 0
AQW××	0	数值11位		0	0	0	0

(a)

	MSB 15	…	3	2	1	LSB 0
AQW××	数值12位		0	0	0	0

(b)

图7.5 EM 235输出数据字格式

(a)电流输出数据格式 (b)电压输出数据格式

止空置端对接线端的干扰,空置端应短接。接线还应注意传感器的线路尽可能地短,且应使用屏蔽双绞线,要保证DC 24 V传感器电源无噪声且稳定可靠。

(3)确定模块装入系统时的位置,并由安装位置确定模块的编号。S7－200 PLC扩展单元安装时在主机的右边依次排列,并从模块0开始编号。模块安装完毕后,将模块自带的接线排插入主机上的扩展总线插口。注意扩展模块的编址方法。

(4)为了在主机中进行输入模拟量转换后数字数据的处理及为了输出需要在模拟量单元中转换为模拟量的数字量,要在主机中安排一定的存储单元。一般用模拟量输入AIW单元安排由模拟量模块送来的数字量,用模拟量输出AQW单元安排待送入模块转变为模拟量输出的数字量。而在主机的变量存储区V区存放处理产生的中间数据。

2. EM 235的工作程序编制

EM 235的工作程序编制一般包含以下内容。

(1)设置初始化子程序。在该子程序中完成采样次数(定时器中断)的预置及采样和单元清零的工作,为开始工作做好准备。

(2)设置模块检测子程序。该子程序检查模块的连接正确性及模块工作的正确性。

(3)设置子程序完成采样及相关的计算工作。

(4)工程所需的有关该模拟量的处理程序。

(5)处理后模拟量的输出工作。

为了保证模块能达到表7.1所列的技术参数,应在软件中使用输入滤波器(软件滤波)且在计算平均值时,选择64次或更多的采样次数。

7.2.4 EM 231模块

EM 231热电偶、热电阻模块具有冷端补偿电路,如果环境温度迅速变化,则会产生额外误差,建议将热电偶和热电阻模块安装在环境温度稳定的地方。热电偶输出的电压范围为±80 mV,模块输出15位加符号位的二进制数。

EM 231热电偶模块可用于J、K、E、N、S、T和R型热电偶,用户可用模块下方的DIP开关选择热电偶的类型。

　　热电阻的接线方式有二线、三线和四线三种。四线方式的精度最高,因为受接线误差的影响,二线方式的精度最低。EM 231 热电阻模块可通过 DIP 开关来选择热电阻的类型、接线方式、测量单位和开路故障的方向。连接到同一个扩展模块上的热电阻必须是相同类型的。改变 DIP 开关后必须将 PLC 断电后再通电,新的设置才能起作用。

　　两种模块的采样周期为 405 ms(PT 10 000 为 700 ms),重复性为满量程的 0.05%。

　　EM 231 DIP 开关设置及含义见表 7.4。

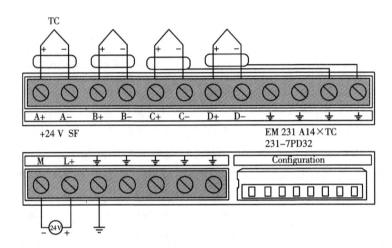

图 7.6　EM 231 接线图

表 7.4　EM 231 DIP 开关设置

选择项目	EM 231 4TC		
	开关位置	状态	设置
热电偶类型	SW1 SW2 SW3	000	J(缺省)
		001	K
		010	T
		011	E
		100	R
		101	S
		110	N
		111	+/− 80 mV
断线检测方向	SW5	0	正标定(+3 276.7 ℃或℉)
		1	负标定(−3 276.8 ℃或℉)
是否进行断线检测	SW6	0	是
		1	否
测量单位选择	SW7	0	℃
		1	℉

选择项目	EM 231 4TC		
	开关位置	状态	设置
是否进行冷端补偿	SW8	0	是
		1	否

　　模拟量到数字量转换器(ADC)的12位读数,其数据格式是左端对齐的。最高有效位是符号位:0表示是正值数据字。对单极性格式,3个连续的0使得ADC计数数值每变化1个单位则数据字的变化是以8为单位变化的。对双极性格式,4个连续的0使得ADC计数数值每变化1个单位,则数据字的变化是以16为单位变化的。

7.3　数据处理类指令

7.3.1　数据转换

　　数据转换指令见表7.5。

表7.5　转换指令

指令	操作数	描述
IBCD	OUT	整数转换为BCD码
BCDI	OUT	BCD码转换为整数
BTI	IN,OUT	字节转换为整数
ITB	IN,OUT	整数转换为字节
ITD	IN,OUT	整数转换为双整数
DTI	IN,OUT	双整数转换为整数
DTR	IN,OUT	双整数转换为实数
ROUND	IN,OUT	实数四舍五入为双整数
TRUNC	IN,OUT	实数截位取整为双整数
ATH	IN,OUT,LEN	ASCII码转换为十六进制数
HTA	IN,OUT,LEN	十六进制数转换为ASCII码
ITA	IN,OUT,FMT	整数转换为ASCII码
DTA	IN,OUT,FMT	双整数转换为ASCII码
RTA	IN,OUT,FMT	实数转换为ASCII码
DECO	IN,OUT	译码
ENCO	IN,OUT	编码
SEG	IN,OUT	七段译码

指令	操作数	描述
ITS	IN,FMT,OUT	整数转换为字符串
DTS	IN,FMT,OUT	双整数转换为字符串
RTS	IN,FMT,OUT	实数转换为字符串
STI	STR,INDEX,OUT	子字符串转换为整数
STD	STR,INDEX,OUT	子字符串转换为双整数
STR	STR,INDEX,OUT	子字符串转换为实数

1. BCD 码与整数的转换

BCDI 指令将输入(IN)的 BCD 码转换为整数,并将结果送入 OUT 指定的变量中。输入 IN 的范围是 BCD 码 0 ~ 9 999。

IBCD 指令将输入(IN)的整数转换为 BCD 码,并将结果送入 OUT 指定的变量中。输入的范围是整数 0 ~ 9 999。

2. 双字整数转换为实数

DTR(DI_R)指令将 32 位有符号整数(IN)转换为 32 位实数,并将结果送入 OUT 指定的变量中。

3. 四舍五入取整指令

ROUND 指令将实数(IN)转换为双字整数后送入 OUT 指定的变量中。如果小数部分大于等于 0.5,整数部分加 1。

4. 截位取整指令

TRUNC 指令将 32 位实数(IN)转换为 32 位带符号整数后送入 OUT 指定的变量中。只有实数的整数部分被转换,小数部分被舍去。

5. 整数与双整数的转换

DTI(DI_I)指令将双整数(IN)转换为整数后送入 OUT 指定的变量中。如果要转换的数值过大,输出无法表示,则置溢出位 SM1.1 为 1,输出不受影响。

整数转换为双整数指令 ITD(I_DI)将整数(IN)转换为双整数后送入 OUT 指定的变量中,符号被扩展。

6. 字节与整数的转换指令

BTI(B_I)指令将字节数(IN)转换为整数,并将结果存入 OUT 指定的变量中。因为字节是无符号的,所以没有扩展符号。

整数转换为字节指令 ITB(I_B)将字(IN)转换为字节后存入 OUT 指定的变量中。输入数为 0 ~ 255,其他数值将会产生溢出,但输出不受影响。

【例 7.1】 将英寸(in)转换为厘米(cm)。

```
LD      I0.0
ITD     C10,AC1        //将计数器值(101 in)装入 AC1
DTR     AC1,VD0        //转换为实数 101.0
MOVR    VD0,VD8
```

* R	VD4,VD8	//乘以2.54,转换为256.54 cm
ROUND	VD8,VD12	//再转换为整数257

7. ASCII 码与十六进制数的转换指令

ASCII 码转换为十六进制数(HEX)指令 ATH 将从 IN 开始长度为 LEN 的 ASCII 字符串转换成从 OUT 开始的十六进制数。ASCII 字符串的最大长度为 255 个字符,各变量的数据类型均为字节。

HTA 指令将从 IN 开始长度为 LEN 的十六进制数转换成从 OUT 开始的 ASCII 字符串。最多可转换 255 个十六进制数,合法的 ASCII 字符的十六进制数值在 30~39 和 41~46 之间,各变量的数据类型均为字节。

这两条指令影响 SM1.7(非法的 ASCII 码)。假设 VB30~VB32 中存放了 3 个 ASCII 码 33、45 和 41,用指令"ATH　VB30,VB40,3"将它们转换为 16#3E 和 16#Ax,分别存放在 VB40 和 VB41 中,x 表示 VB41 低 4 位的数不变。

8. 整数转换为 ASCII 码

ITA 指令将输入端的整数(IN)转换成 ASCII 字符串,参数 FMT(Format,格式)指定小数部分的位数和小数点的表示方法。转换结果放在从 OUT 开始的 8 个连续字节的输出缓冲区中,ASCII 字符串始终是 8 个字符,FMT 和 OUT 均为字节变量。

使 ENO = 0 的错误条件是 0006(间接地址)、SM4.3(运行时间)、无输出(格式非法)。输出缓冲区中小数点右侧的位数由格式参数 FMT 的 nnn 域指定,nnn = 0~5。如果 n = 0,则显示整数。nnn > 5 时,用 ASCII 空格填充整个输出缓冲区。位 c 指定用逗号(c 为 1)或小数点(c 为 0)作整数和小数部分的分隔符,FMT 的高 4 位必须为 0。

输出缓冲区按下面的规则进行格式化。

(1)正数写入输出缓冲区时不带符号。

(2)负数写入输出缓冲区时带负号。

(3)小数点左边的无效 0(与小数点相邻的位除外)被删除。

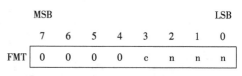

图 7.7　ITA 指令的 FMT 操作数

(4)输出缓冲区中的数字右对齐。

9. 双整数转换为 ASCII 码

DTA 指令将双字整数(IN)转换为 ASCII 字符串,转换结果放在 OUT 开始的 12 个连续字节中。使 ENO = 0 的错误条件是 0006(间接地址),SM4.3(运行时间),无输出(格式非法)。输出缓冲区的大小始终为 12 B,FMT 各位的意义和输出缓冲区格式化的规则同 ITA 指令,FMT 和 OUT 均为字节变量。

10. 实数转换为 ASCII 码

RTA 指令将输入的实数(浮点数)转换为 ASCII 字符串,转换结果送入 OUT 开始的 3~15 个字节中。

输出缓冲区的大小始终为 12 B,FMT 各位的意义和输出缓冲区格式化的规则同 ITA 指令,FMT 和 OUT 均为字节变量。

格式操作数 FMT 的定义如图 7.8 所示,输出缓冲区的大小由 ssss 区的值指定,ssss = 3~15。输出缓冲区中小数部分的位数由 nnn 指定,nnn = 0~5。如果 n = 0,则显示整数。nnn > 5

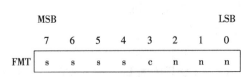

图 7.8　RTA 指令的 FMT 操作数

或输出缓冲区过小,无法容纳转换数值时,用 ASCII 空格填充整个输出缓冲区。位 c 指定用逗号(c = 1)或小数点(c = 0)作整数和小数部分的分隔符, FMT 和 OUT 均为字节变量。

除了 ITA 指令输出缓冲区格式化的 4 条规则外,还应遵守如下规则。

(1)小数部分的位数如果大于 nnn 指定的位数,用四舍五入的方式去掉多余的位。

(2)输出缓冲区应不小于 3 个字节,还应大于小数部分的位数。

11. 字符串转换指令

指令 ITS、DTS 和 RTS 分别将整数、双整数和实数值(IN)转换为 ASCII 码字符串,存放到 OUT 中。

这 3 条指令的操作和 FMT 的定义与 ASCII 码转换指令基本相同,二者的区别在于,字符串转换指令转换后得到的字符串的起始字节(即地址 OUT 所指的字节)中是字符串的长度。对于整数和双整数的转换,OUT 中分别为转换后字符的个数 8 和 12。实数转换后字符串的长度由 FMT 的高 4 位中的数来决定。

7.3.2　整数运算

整数数学运算指令见表 7.6。

表 7.6　整数运算指令

指令	操作数	描述
+ I	IN1,OUT	整数加法
− I	IN1,OUT	整数减法
* I	IN1,OUT	整数乘法
/I	IN1,OUT	整数除法
+ D	IN1,OUT	双整数加法
− D	IN1,OUT	双整数减法
* D	IN1,OUT	双整数乘法
/D	IN1,OUT	双整数除法
MUL	IN1,OUT	整数乘法产生双整数
DIV	IN1,OUT	整数除法产生双整数

1. 整数与双整数加减法指令

整数加法 ADD_I(Add Integer)和整数减法 SUB_I(Subtract Integer)指令将两个 16 位整数相加或相减,结果为 16 位整数。

双整数加法 ADD_DI(Add Double Integer)和双整数减法 SUB_DI(Subtract Double Integer)指令将两个 32 位整数相加或相减,结果为 32 位整数。

在梯形图中,IN1 + IN2 = OUT,IN1 − IN2 = OUT。

在语句表中,IN1 + OUT = OUT,OUT - IN1 = OUT。

2. 整数乘除法指令

整数乘法 MUL_I(Multiply Integer)指令将两个 16 位整数相乘,产生一个 16 位乘积。整数除法 DIV_I(Divide Integer)指令将两个 16 位整数相除,产生一个 16 位的商,不保留余数。如果结果大于一个字,溢出位被置 1。

双整数乘法 MUL_DI(Multiply Double Integer)指令将两个 32 位整数相乘,产生一个 32 位乘积。双整数除法 DIV_DI(Divide Double Integer)指令将两个 32 位整数相除,产生一个 32 位的商,不保留余数。

整数乘法产生双整数指令 MUL(Multiply Integer to Double Integer)将两个 16 位整数相乘,产生一个 32 位乘积。整数除法产生双整数指令 DIV(Divide Integer to Double Integer)将两个 16 位整数相除,产生一个 32 位结果,高 16 位为余数,低 16 位为商。

在语句表乘法指令中,32 位结果的低 16 位被用作乘数;在语句表除法指令中,32 位结果的低 16 位被用作被除数。

在语句表中,IN1 × OUT = OUT,OUT/IN1 = OUT。

在梯形图中,IN1 × IN2 = OUT,IN1/IN2 = OUT。

如果在乘除法操作过程中 SM1.1(溢出)被置 1,结果不写到输出,而且其他状态位均置位。如果在除法操作中 SM1.3 被置 1(除数为 0),其他算术状态位不变,原始输入操作数也不变。否则,运算完成后其他数学状态位有效。

3. 加 1 与减 1 指令

加 1 与减 1 指令见表 7.7。

表 7.7   加 1 减 1 指令

指令	操作数	描述
INC_B	IN	字节加 1
DEC_B	IN	字节减 1
INC_W	IN	字加 1
DEC_W	IN	字减 1
INC_D	IN	双字加 1
DEC_D	IN	双字减 1

字节加 1 指令 INC_B(Increment Byte)和字节减 1 指令 DEC_B(Decrement Byte)将输入字节(IN)加 1 或减 1,并将结果存入 OUT 指定的变量中,字节加 1 和减 1 指令是无符号的。

字加 1 指令 INC_W 和字减 1 指令 DEC_W 将输入字(IN)加 1 或减 1,并将结果存入 OUT 指定的变量中。字加 1 和减 1 指令是有符号的,且 16#7FFF > 16#8000。

双字加 1 指令 INC_DW 和双字减 1 指令 DEC_DW 将输入双字(IN)加 1 或减 1,并将结果存入 OUT 指定的变量中。双字加 1 和减 1 指令是有符号的,且 16#7FFFFFFF > 16#80000000。

上述 6 条指令影响 SM1.0(零)、SM1.1(溢出)和 SM1.2(负)。

在梯形图中,IN + 1 = OUT,IN − 1 = OUT。

在语句表中,OUT + 1 = OUT,OUT − 1 = OUT。

7.3.3 浮点数运算

浮点数数学运算指令见表7.8。

表 7.8 浮点数数学运算指令

指令	操作数	描述
+ R	IN1,OUT	实数加法
− R	IN1,OUT	实数减法
* R	IN1,OUT	实数乘法
/R	IN1,OUT	实数除法
SQRT	IN1,OUT	平方根
LN	IN1,OUT	自然对数
EXP	IN1,OUT	指数
SIN	IN1,OUT	正弦
COS	IN1,OUT	余弦
TAN	IN1,OUT	正切

1. 实数加减法指令

实数(即浮点数)加法 ADD_R(Add Real)指令和实数减法 SUB_R(Subtract Real)指令将两个 32 位实数相加或相减,并产生 32 位实数结果。

在梯形图中,IN1 + IN2 = OUT,IN1 − IN2 = OUT。

在语句表中,IN1 + 0UT = OUT,OUT − IN1 = OUT。

使 ENO = 0 的错误条件是 SM1.1(溢出)、SM4.3(运行时间)、0006(间接地址)。这些功能影响 SM1.0(零)、SM1.1(溢出)和 SM1.2(负)。SM1.1 用于表示溢出错误和非法数值。如果 SM1.1 被置 1,SM1.0 和 SM1.2 的状态无效,原始输入操作数不变。如果 SM1.1 未被置 1,说明运算已成功完成,结果有效,SM1.0 和 SM1.2 的状态有效。实数(浮点数)采用 ANSI/IEEE 754—1985 标准(单精度)的表示格式。

2. 实数乘除法指令

实数乘法 MUL_R(Multiply Real)指令将两个 32 位实数相乘,产生一个 32 位实数积。实数除法 DIV_R(Divide Real)指令将两个 32 位实数相除,并产生一个 32 位的实数商。

在语句表中,IN1 × OUT = OUT,OUT/IN1 = OUT。

如果在除法操作中 SM1.3 被置 1(除数为 0),其他算术状态位不变,原始输入操作数也不变。如果在除法操作过程中 SM1.1(溢出)被置 1,SM1.0 和 SM1.2 状态无效,原始输入操作数不变。如果在除法操作过程中 SM1.1 和 SM1.3 未置 1,则说明运算成功,结果有效,而且 SM1.0 和 SM1.2 状态有效。

3. 平方根指令

平方根 SQRT(Square Root)指令将 32 位实数(IN)开平方,得到 32 位实数结果(OUT)。

此指令影响 SM1.0(零)、SM1.1(溢出)、SM1.2(负)。SM1.1 用于表示溢出错误和非法数值。如果 SM1.1 被置 1,则 SM1.0 和 SM1.2 状态无效,原始输入操作数不变。如果 SM1.1 未被置 1,则说明数学操作已成功完成,结果有效,而且 SM1.0 和 SM1.2 的状态有效。

4. 三角函数指令

正弦指令 SIN 求输入(IN)的正弦,结果送输出(OUT)。

余弦指令 COS 求输入(IN)的余弦,结果送输出(OUT)。

正切指令 TAN 求输入(IN)的正切,结果送输出(OUT)。

输入以弧度为单位,求三角函数前应先将角度值乘以 $\pi/180$,转换为弧度值。

指令影响 SM1.0(零)、SM1.1(溢出)、SM1.2(负)和 SM4.3(运行时间)。

5. 自然对数指令

自然对数指令 LN(Natural Logarithm)将输入(IN)中的值取自然对数,结果存入输出(OUT)。求以 10 为底的对数时,需将自然对数值除以 2.302 585(约等于 10 的自然对数值)。

6. 自然指数指令

自然指数指令 EXP(Natural Exponential)将输入(IN)的值取以 e 为底的指数,结果存于 OUT。该指令与自然对数指令配合,可实现以任意实数为底、任意实数为指数(包括分数指数)的运算。

求 5 的立方:$5^3 = EXP(3 \times LN(5)) = 125$。

求 5 的 $\frac{3}{2}$ 次方:$5^{\frac{3}{2}} = EXP(\frac{3}{2} \times LN(5)) = 11.180\ 34\cdots$。

7.3.4　逻辑运算

逻辑运算指令见表 7.9。

表 7.9　逻辑运算指令

指令	操作数	描述
INV_B	IN1,OUT	字节取反
INV_W	IN1,OUT	字取反
INV_D	IN1,OUT	双字取反
WAND_B	IN1,OUT	字节与
WOR_B	IN1,OUT	字节或
WXOR_B	IN1,OUT	字节异或
WAND_W	IN1,OUT	字与
WOR_W	IN1,OUT	字或
WXOR_W	IN1,OUT	字异或
WAND_D	IN1,OUT	双字与
WOR_D	IN1,OUT	双字或

指令	操作数	描述
WXOR_D	IN1,OUT	双字异或

1. 取反指令

字节取反指令 INV_B(Invert Byte)求输入字节 IN 的反码,并将结果装入 OUT 输出字节。

字取反指令 INV_W 求输入字 IN 的反码,并将结果装入 OUT 输出字。

双字取反指令 INV_D 求输入双字 IN 的反码,并将结果装入 OUT 输出双字。

使 ENO =0 的错误条件是 SM4.3(运行时间)、0006(间接地址)。它们影响 SM1.0(零)。

2. 字节逻辑运算指令

字节与指令 WAND_B(And Byte)将两个输入字节的对应位相与,字节或指令 WOR_B(Or_Byte)将两个输入字节的对应位相或,字节异或指令 WXOR_B(Exclusive Or Byte)将两个输入字节的对应位相异或,得到的一个字节结果装入 OUT。

使 ENO =0 的错误条件是 SM4.3(运行时间)、0006(间接寻址)。指令影响 SM1.0(零)。

3. 字逻辑运算指令

字与指令 WAND_W(And Word)将两个输入字的对应位相与,字或指令 WOR_W 将两个输入字的对应位相或,字异或指令 WXOR_W 将两个输入字的对应位相异或,得到的一个字的结果装入 OUT。

使 ENO =0 的错误条件是 SM4.3(运行时间)、0006(间接寻址)。指令影响 SM1.0(零)。

4. 双字逻辑运算指令

双字与指令 WAND_DW 将两个输入双字的对应位相与,双字或指令 WXOR_DW 将两个输入双字的对应位相或,双字异或指令 WXOR_DW 将两个输入双字的对应位相异或,得到的双字结果装入 OUT。

使 ENO =0 的错误条件是 SM4.3(运行时间)、0006(间接寻址)。指令影响 SM1.0(零)。

7.3.5 实时时钟

读实时时钟指令 TODR(Time of Day Read)从实时时钟读取当前时间和日期,并把它们装入以 T 为起始地址的 8 B 缓冲区,依次存放年、月、日、时、分、秒和星期,时间和日期的数据类型为字节型。

写实时时钟指令 TODW(Time of Day Write)通过起始地址为 T 的 8 B 缓冲区,将设置的时间和日期写入实时时钟。

S7 – 200 PLC 中的实时时钟只用年的最低两位有效数字,例如 2000 年表示为 00 年。编程时日期和时间数值应采用 BCD 格式,例如 19#97 表示 1997 年。星期的取值范围为 0 ~ 7,1 表示星期日,2 表示星期 1,为 0 时将禁用星期(保持为 0)。S7 – 200 PLC 的 CPU 不根据日期检查核实星期几是否正确,可能接收无效日期,例如 2 月 30 日。不要同时在主程序和中断程序中使用 TODR 或 TODW 指令。

7.4 PID 控制

7.4.1 PID 参数

1. PID 计算关系式

比例、积分、微分调节(即 PID 调节)是闭环模拟量控制中的传统调节规律。它在改善控制系统品质,保证系统偏差 e(给定值 SP 和过程变量 PV 的差)达到预定指标,使系统在实现稳定状态方面具有良好的效果,该系统的结构简单,容易实现自动控制,在各个领域得到了广泛的应用。PID 调节控制的原理基于下面的方程式,它描述了输出 $M(t)$ 作为比例项、积分项和微分项的函数关系

$$M(t) = K_C e + \frac{K_C}{T_I} \int_0^t e \mathrm{d}t + M_{\mathrm{initial}} + K_C T_D \frac{\mathrm{d}e}{\mathrm{d}t}$$

即　　　　输出 = 比例项 + 积分项 + 初始值 + 微分项

式中　$M(t)$——PID 回路的输出,是时间的函数;

　　　K_C——PID 回路的增益,也叫比例常数;

　　　e——回路的误差(给定值与过程变量之差);

　　　M_{initial}——PID 回路输出的初始值;

　　　T_I——积分时间常数;

　　　T_D——微分时间常数。

只有系统为负反馈,误差 e 才等于给定值减去反馈值,因此应保证系统为负反馈。当然,在 PLC 中对关系式进行运算还需进行许多处理,这些就不再讨论了。近年来许多 PLC 厂商在自己的产品中增加了 PID 指令,以完成一些工业控制中的 PID 调节。

2. 各参数的作用

PID 控制器除 K_C、T_I、T_D 这 3 个参数外,还有采样周期 T_S,它们的作用如下。

(1)比例部分与误差信号在时间上是一致的,即与现在有关,只要误差一出现,比例部分就能及时地产生与误差成正比例的调节作用,具有调节及时的特点。K_C 越大,比例调节作用越强,系统的稳态精度越高,但过大会使系统输出量的振荡加剧,稳定性降低。

(2)积分部分与误差的大小和历史有关,即与过去有关,只要误差不为 0,积分就一直起作用,直到误差消失,即无静差,因此积分部分可以消除稳态误差,提高控制精度。T_I 越大,系统的稳定性可能有所改善,但积分动作缓慢,消除稳态误差的速度减慢。

(3)微分部分反映了被控量变化的趋势(误差变化速度),即与将来有关,较比例调节更为及时,具有超前和预测的特点。T_D 增大,超调量减小,动态性能得到改善,但系统抑制高频干扰的能力下降。

(4)采样周期 T_S 应能及时反映模拟量的变化,远小于系统阶跃响应的纯滞后时间或上升时间。T_S 越小越能及时反映模拟量的变化,但增加了 CPU 的运算工作量,相邻两次采样的差值几乎没有变化,意义不大,所以不宜将 T_S 取得过小。表 7.10 给出了过程控制中采样周期

的经验数据。

表 7.10　采样周期的经验数据

被控制量	流量	压力	温度	液位	成分
采样周期/s	1 ~ 5	3 ~ 10	15 ~ 20	6 ~ 8	15 ~ 20

这 4 个参数的整定,对控制效果的影响非常大,也极大地影响调试过程。

7.4.2　PID 指令

1. 指令形式

西门子 S7 - 200 系列 PLC 的 PID 回路指令见表 7.11。PID 指令的两个参数中其一是 LOOP 为回路号,取值 0 ~ 7,表示在一个程序中最多可设 8 个 PID 调节回路,也就是只能用 8 次 PID 指令。第二个参数是 TABLE,为参数表或称回路表,TABLE 用回路表的起始地址表示。该表是存储 PID 参数的相关单元。该表的内容可见表 7.12。表中包含 9 个参数,用来控制和监视 PID 运算。这些参数分别是过程变量当前值(PVn)、过程变量前值(PVn - 1)、给定值(SPn)、输出值(Mn)、增益(KC)、采样时间(TS)、积分时间(TI)、微分时间(TD)和积分项前值(MX)。

表 7.11　PID 指令的表达式及操作数

指令的表达形式	操作数的含义及形式
PID TBL,LOOP 　　PID EN　　ENO TBL LOOP	TABLE:VB LOOP:常数(0 ~ 7)

表 7.12　PID 指令的回路表

偏移地址	域	格式	类型	描述
0	过程变量当前值(PVn)	双字实数	输入	过程变量,必须在 0.0 ~ 1.0 之间
4	设定值(SPn)	双字实数	输入	给定值,必须在 0.0 ~ 1.0 之间
8	输出值(Mn)	双字实数	输入/输出	输出值,必须在 0.0 ~ 1.0 之间
12	增益(KC)	双字实数	输入	增益是比例常数,可正可负
16	采样时间(TS)	双字实数	输入	单位为 s,必须是正数
20	积分时间(TI)	双字实数	输入	单位为 min,必须是正数
24	微分时间(TD)	双字实数	输入	单位为 min,必须是正数

偏移地址	域	格式	类型	描述
28	积分项前值(MX)	双字实数	输入/输出	积分项前项,必须在0.0~1.0之间
32	过程变量前值(PVn−1)	双字实数	输入/输出	最近一次PID运算的过程变量值

为了让PID运算以预想的采样频率工作,PID指令必须用在定时发生的中断程序中,或者在主程序中被定时器控制以一定频率执行。采样时间也必须通过回路表输入到PID运算中。

PID指令利用回路表的信息完成PID运算。

2. 回路输入量的转换及归一化

给定值和过程变量都是实际的工程量,其幅度、范围及测量单位都会不同,用PLC完成PID运算时,要把实际的测量输入量、设定值和回路表中的其他输入参数进行标准化处理,即用程序将它们转化为PLC能够识别及处理的数据,也即把它们转化为无量纲的归一化纯量,采用浮点数形式。

转换的第一步是把16位整数值转换成浮点型实数值。下面的指令序列提供了实现这种转换的方法(设采集数据通道地址为AIW0):

    ITD   AIW0,AC0   //将输入值转换为双整数
    DTR   AC0,AC0   //将32位双整数转换成实数

转换的下一步是把实数进一步标准化为0.0~1.0之间的数。下面的算式可以用来标准化给定值或过程变量:

$$\text{Rnorm} = [(\text{Rraw/Span}) + \text{Offset}]$$

式中　Rnorm——工程实际值的归一化值;

　　　Rraw——工程实际值的实数形式值,未归一化处理;

　　　Offset——调整值,标准化实数又分为单极性(以0.0为起点在0.0~1.0之间变化)和双极性(围绕0.5上下变化)两种,对于单极性Offset为0.0,对于双极性Offset为0.5;

　　　Span——值域大小,可能的最大值减去可能的最小值,单极性为32 000(典型值),双极性为64 000(典型值)。

下面的指令把双极性实数标准化为0.0~1.0之间的实数。通常用在第一步转换之后:

    /R   64000,AC0   //累加器中的标准化值
    +R   0.5,AC0   //加上偏置,使其在0.0~1.0之间
    MOVR   AC0,VD100   //标准化的值存入回路表,设TABLE表地址为VB100

3. 回路输出转换成按工程量标定的整数值

回路输出值一般是控制变量,也是一个标准化实数运行的结果。这一结果同样也要用程序将其转化为相应的16位整数,然后周期性地传送到AQW输出,用以驱动模拟量的负载(范围)。这一过程,是给定值或过程变量的标准化转换的逆过程。

该过程的第一步把回路输出转换成按工程量标定的实数值,公式如下:

$$Rscal = (Mn - Offset) \times Span$$

式中　Rscal——按工程量标定的实数格式的回路输出；

Mn——回路输出的归一化实数值。

这一过程可以用下面的指令序列完成：

```
MOVR    VD208,AC0      //把回路输出值移入累加器设 TABLE 表地址为 VB200
- R     0.5,AC0        //双极性场合时减去 0.5
* R     64000,AC0      //将 AC0 中的值按工程量标定
```

下一步是把回路输出的刻度转换成 16 位整数,可通过下面的指令序列来完成：

```
ROUND   AC0,AC0        //把实数转换为 32 位整数
DTI     AC0,LW0        //把 32 位整数转换为 16 位整数
MOVW    LW0,AQW0       //把 16 位整数写入模拟输出寄存器
```

4. PID 回路类型的选择

在许多控制系统中,只需要一种或两种回路控制类型。例如只需要比例回路或者比例积分回路。通过设置常量参数,可先选用想要的回路控制类型。

如果不想要积分回路,可以把积分时间设为无穷大。即使没有积分作用,积分项还是不为 0,因为有初值 MX,但积分作用可以忽略。

如果不想要微分回路,可以把微分时间设为 0。

如果不想要比例回路,但需要积分或微分回路,可以把增益设为 0,系统会在计算积分项和微分项时,把增益当做 1 看待。

5. 正作用或反作用回路

如果增益为正,那么该回路为正作用回路。如果增益为负,那么是反作用回路。对于增益为 0 的积分或微分控制来说,如果指定积分时间、微分时间为正,就是正作用回路,指定为负,则为反作用回路。

7.5　电炉恒温控制程序设计

7.5.1　资源分配

电炉恒温控制资源分配见表 7.13。

表 7.13　电炉恒温控制资源分配

类别	地址	作用
数字量输入	I0.0	启动开关
	I0.1	功率限制
数字量输出	Q0.0	加热器电源
模拟量输入	AIW0	热电偶输入

类别	地址	作用
模拟量输出	AQW0	调功器控制
变量存储器	VW100 ~ VW170	规范化输入
	VW180	电炉温度

7.5.2 数据采集转换

1. 模拟量输入滤波器

选用 S7 – 200 PLC 的模拟量滤波功能就不必再另行编制用户的滤波程序。如果对某个通道选用了模拟量滤波,CPU 将在每一程序扫描周期前自动读取模拟量输入值,这个值就是滤波后的值,是所设置的采样数的平均值。模拟量的参数设置(采样数及死区值)对所有模拟量信号输入通道有效。

设置步骤:系统块→输入滤波器→模拟量→选中通道→采样数 64 或以上。

如果对某个通道不滤波,则 CPU 不会在程序扫描周期开始时读取平均滤波值,而只在用户程序访问此模拟量通道时,直接读取当时实际值。

死区值,定义了计算模拟量平均值的取值范围。如果采样值都在这个范围内,就计算采样数所设定的平均值;如果当前最新采样的值超过了死区的上限或下限,则该值立刻被采用为当前的新值,并作为以后平均值计算的起始值。

这就允许滤波器对模拟量值的大的变化有一个快速响应。死区值设为 0,表示禁止死区功能,即所有的值都进行平均值计算,不管该值有多大的变化。对于快速响应要求,不要把死区值设为 0,而把它设为可预期的最大的扰动值。

应注意的是,为变化比较缓慢的模拟量输入选用滤波器可以抑制波动;如果用模拟量传递数字量信号,或者使用热电阻(EM 231 RTD)、热电偶(EM 231 TC)模块时,不能使用滤波器;模拟量模块是否接地;使用屏蔽电缆,屏蔽层 PLC 侧接地;走线远离动力线;变频器是大干扰源,要作好处理。

2. 模拟量变换

数据采集是将模拟量采集入 PLC 的变量中,以便后续处理。热电偶将 0 ~ 1 000 ℃ 的温度信号转换为 0 ~ 80 mV 的信号,模拟量输入模块 EM 231 将其变换为 54 ~ 10 700 的数字量,转换后存储在 AIW0,将其变换为温度,则温度的计算公式应为:

$$T = \frac{(1\ 000 - 0)}{(10\ 700 - 54)}(N - 54) + 54\ (℃)$$

因为该公式可用多个模拟量的反复转换,可设计为通用公式:

$$OUT = \frac{(H_i - L_o)}{(K_2 - K_1)}(IN - K_1) + L_o$$

式中　H_i——输出量最大值;

　　　L_o——输出量最小值;

　　　K_2——输入量最大值;

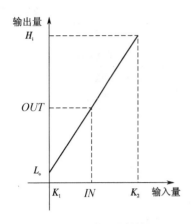

图7.9 模拟量转换

K_1——输入量最小值；

IN——输入量实际值；

OUT——输出量实际值。

该公式用子程序设计,可反复调用,如图7.9所示。

因为计算中,有的值没有工程意义,可设置最大或最小值。

7.5.3 PID 设置向导

1. PID 向导设置

1)设置 PID 指令回路的编号

点击编程软件指令树中的"\向导\PID"图标,或执行菜单命令"工具"→"指令向导",在出现的对话框中,设置 PID 回路的编号为0,如图7.10所示。

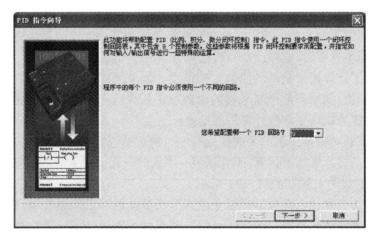

图7.10 PID 指令向导

2)设定值的范围、回路参数

设置给定值的低限为0.0(必须为实数),给定值的高限为1 000.0,比例增益为13.5,积分时间为0.5 min,采样时间为1.0 s,微分时间为0。这个范围是给定值的取值范围,用实际的工程单位数值表示。如果不想要积分作用,可以把积分时间设为无穷大,如果不想要微分回路,可以把微分时间设为0分钟,如图7.11所示。

注意 关于具体的 PID 参数值,每一个项目都不一样,需要现场调试来定,没有所谓经验参数。

3)标定极性、过程变量范围

标定单极性,过程变量范围低限54,过程变量范围高限10 700,不使用偏移量,如图7.12所示。

4)分配存储区

PID 指令(功能块)使用了一个120个字节的 V 区参数表来进行控制回路的运算工作;除

图 7.11 设置回路参数

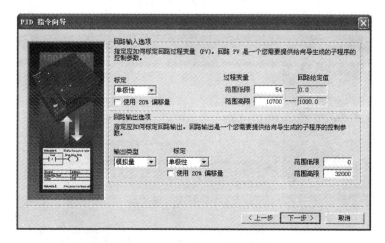

图 7.12 标定极性、过程变量范围

此之外,PID 向导生成的输入/输出量的标准化程序也需要运算数据存储区。需要为它们定义一个起始地址,要保证该地址起始的若干字节在程序的其他地方没有被重复使用。如果点击"建议地址",则向导将自动设定当前程序中没有用过的 V 区地址。

自动分配的地址只是在执行 PI 向导时编译检测到空闲地址。向导将自动为该参数表分配符号名,用户不要再自己为这些参数分配符号名,否则将导致 PID 控制不执行,如图 7.13 所示。

5)命名 PID 子程序、生成中断子程序

向导已经为初始化子程序和中断子程序定义了缺省名,也可以修改成自己起的名字,即指定 PID 初始化子程序和 PID 中断子程序的名字。

注意 如果项目中已经存在一个 PID 配置,则中断程序名为只读,不可更改。因为一个项目中所有 PID 共用一个中断程序,它的名字不会被任何新的 PID 所更改。PID 向导中断用的是 SMB34 定时中断,在用户使用了 PID 向导后,注意在其他编程时不要再用此中断,也不

要向 SMB34 中写入新的数值,否则 PID 将停止工作,如图 7.14 所示。

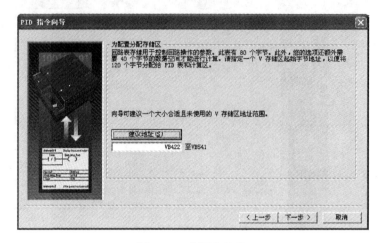

图 7.13　分配存储区

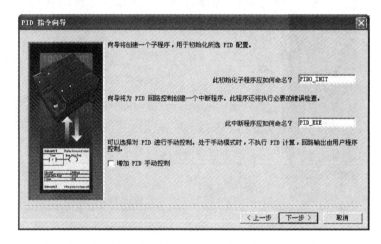

图 7.14　指定 PID 初始化子程序和 PID 中断子程序的名字

6) 完成配置

完成配置后可以看到一些配置信息,如图 7.15 所示。

在主程序调用 PID 子程序,便可获得输出。这个输出值有时需进行限制(例如半功率、检修),以满足各种需要。

2. PID 调节控制面板

没有一个 PID 项目的参数不需要修改而能直接运行,因此需要在实际运行时调试 PID 参数。S7 - 200 PLC 的 V4.0 版编程软件中的 PID 整定控制面板用图形方式监视 PID 回路、启动或消除自整定过程、设置自整定的参数,并将推荐的整定值或用户设置的整定值应用到实际控制中。监控时能给出自整定过程中 PID 控制器的设定值 SP、输出 MV 和过程变量 PV 的变化情况。

使用控制面板时,首先应将至少有一个 PID 回路的用户程序下载到 CPU,软件必须与 S7 - 200 PLC 通信,为了显示 PID 回路的操作,该 PLC 必须处于运行模式。执行"工具"→

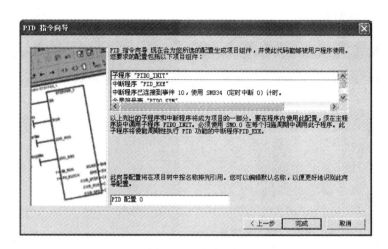

图 7.15　完成配置

"PID 调节控制面板",将会打开 PID 整定控制面板,观察到设定值 SP、输出 MV 和过程变量 PV 的变化曲线和当前的数值。

"当前值"区域显示了设定值、采样时间、增益、微分时间的数值。控制器的输出值用带数字值的水平条形图来表示,如图 7.16 所示。

"当前值"区域右边的图形显示区用不同的颜色显示了设定值、过程变量和输出量相对于时间的曲线。左侧纵轴的刻度是用百分比表示的各变量的相对值,右侧纵轴的刻度是 PID 输出和过程变量的实际值。

屏幕的左下方是整定参数区,在这一区域中可以显示和修改。可以通过单选按钮选择显示参数当前值、手动值或建议值三者之一。如果要修改整定参数,应选择"手动调节"。

点击"更新 PLC"按钮,将显示的增益、积分时间和微分时间传送入 PLC 被监视的 PID 回路中。可以用"开始自动调节"按钮来启动自整定序列。一旦启动了自整定,"开始自动调节"按钮变成"停止自动调节"按钮。

图形显示下方的"当前 PID"选择框用下拉式菜单可以选择希望在控制面板中监视的 PID 回路。在"采样率(秒/采样)"区,可以选择图形显示的采样时间间隔(1～480 s),用"设置时标"按钮来使修改后的抽样率生效。可以用"暂停"按钮冻结和恢复曲线图的显示。在图形区单击鼠标右键,然后执行"clear"命令,可以清除图形。

图形区的右下侧是图例,标出了设定值、过程变量和输出量曲线的颜色。

点击"调节参数(分钟)"区内的"高级..."按钮,在弹出的对话框中可以选择是否自动计算滞后值和偏移量,为了尽量减少自整定过程对控制系统的干扰,用户也可以自己设置滞后值和偏移量。在"其他选项"区,可以指定初始输出阶跃值和过零看门狗超时时间。"动态应答选项"区中的单选框可以用来选择响应的类型。快速响应可能产生超调,对应于欠阻尼整定状态;中速响应可能处于超调的边沿,对应于临界阻尼整定状态;慢速响应和极慢速响应可能没有超调,分别对应于过阻尼和严重过阻尼整定状态。

设置好参数后,单击"确认"按钮,返回 PID 整定控制面板的主屏幕。

在完成自整定序列,且已将建议的整定参数传送至 PLC 后,可以用控制面板来监视回路对阶跃变化的设定值的响应。

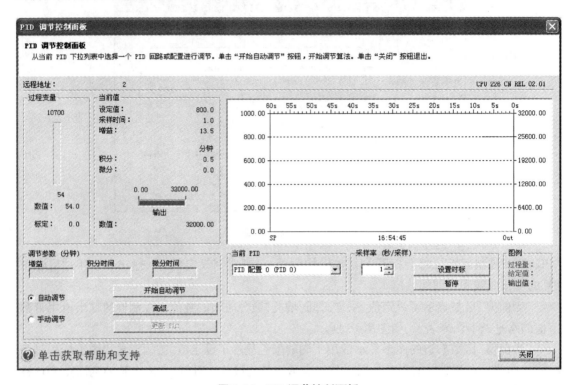

图 7.16　PID 调节控制面板

7.5.4　控制程序

恒温控制梯形图程序见表 7.14。

表 7.14　恒温控制梯形图程序

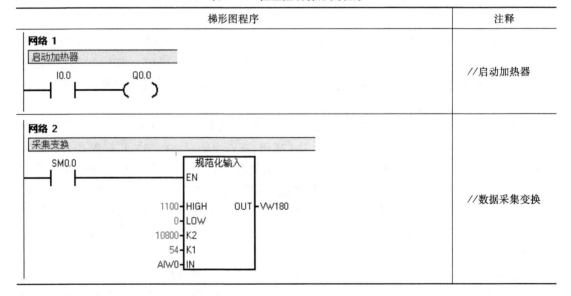

梯形图程序	注释
网络 1　启动加热器　I0.0　Q0.0	//启动加热器
网络 2　采集变换　SM0.0　规范化输入	//数据采集变换

续表

梯形图程序	注释

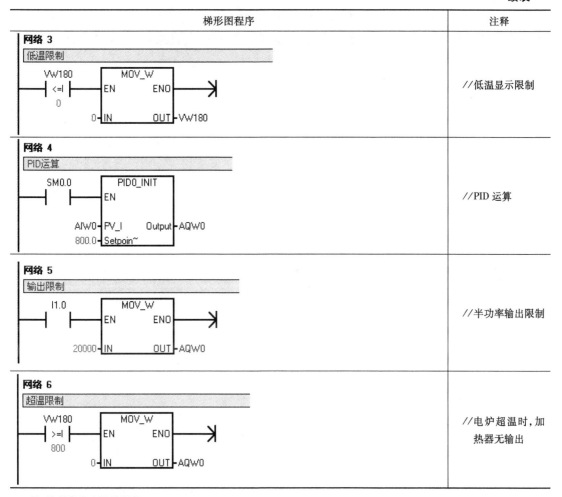

注:该程序省略了子程序。

说明　在实际的电炉控制系统中,工作模式、输入控制、输出控制、被控模拟量、自诊断等,远比此处考虑的多。只要运用这个思路,结合实际问题,就可设计出实际的系统。

习　题

1. PID 指令的两个参数是什么?
2. 为什么在模拟信号远传时应使用电流信号,而不是电压信号?
3. 什么是正作用回路?
4. PID 中各部分有什么作用? 如果超调量过大,应调节哪些参数?
5. 怎样调试 EM 235?
6. 数字量输出模块有哪几种类型?

7. 简述模拟量扩展模块的作用。

8. 用于测量锅炉炉膛压力($-60 \sim 60$ Pa)的变送器的输出信号为 $4 \sim 20$ mA,模拟量输入模块将 $0 \sim 20$ mA 转换为 $0 \sim 32\ 000$,设转换后得到的数字为 N,试求以 0.01 Pa 为单位的压力值。

项目 8　网络控制

学习目标：

　　通过对本项目的学习,了解西门子工业网络结构,学会两台 PLC 的读写控制与设置通信参数。

8.1　西门子工业网络

8.1.1　工业网络系统结构

　　现代工业网络系统不再是一个孤立的系统,而是与企业管理信息系统(MIS)、地理信息系统(GIS)、闭路监视系统(CCTV)和 Internet 等有机结合形成的一个综合的企业自动化系统,可以在一个企业范围内将信号检测,数据传输、处理、存储、计算、控制等设备或系统连接在一起,以实现企业内部的资源共享、信息管理、过程控制、经营决策,并能够访问企业外部资源和提供有限的外部访问,使得企业的生产经营能够高效率地协调工作,从而实现企业集成管理和控制的一种网络环境。

　　工业网络是一种应用,也是一种技术,它涉及广域网、局域网、现场总线以及网络互联等技术,是计算机技术、信息技术和控制技术在企业管理和控制中的有机统一,典型的系统配置如图 8.1 所示。

　　整个系统分为现场控制层、中央控制层和经营管理层。各层间通过网络实现信息共享,从而构成完整的企业信息网络。现场控制层由 HART、PROFIBUS 等现场总线网段组成,是企业信息网的底层,它把现场的参数送到中央控制室实时数据库,进行数据的分析、计算和显示。经营管理层则由办公自动化、财务、人事和生产等数据库连同中央控制室数据库构成企业网络顶层。

8.1.2　西门子工业网络

　　PLC 的通信包括 PLC 之间、PLC 与上位计算机之间以及 PLC 与其他智能设备之间的通信。PLC 与计算机可以直接或通过通信处理单元、通信转接器相连构成网络,以实现信息的交换,并可构成"集中管理、分散控制"的分布式控制系统,满足工厂自动化系统发展的需要。各 PLC 或远程 I/O 模块按功能各自放置在生产现场进行分散控制,然后用网络连接起来,构成集中管理的分布式网络系统。

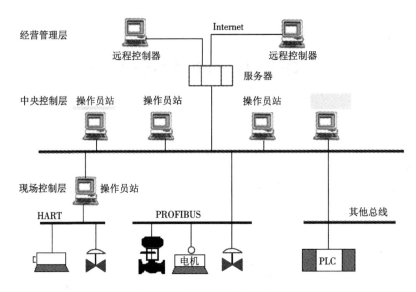

图8.1 工业网络系统结构图

西门子公司提出的全集成自动化(TIA)系统的核心内容包括组态和编程的集成、数据管理的集成以及通信的集成。通信网络是这个系统重要的、关键的组件,提供了各部件和网络间完善的通信功能。

SIMATIC NET 是西门子公司的网络产品的总称,它包含了西门子公司的控制网络结构,由 4 个层次、三级总线复合而成。4 个层次从下到上依次为:执行器与传感器级、现场级、车间级、管理级。其网络结构如图 8.2 所示。

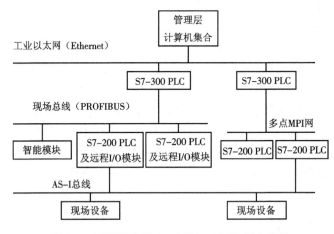

图8.2 西门子公司 S7 系列 PLC 网络层次结构

1. 工业以太网

SIMATIC NET 的顶层为工业以太网,它是基于国际标准 IEEE 802.3 的开放式网络。以太网可实现管理—控制网络的一体化,可集成到因特网,为全球联网提供了条件。以太网在局域网(LAN)领域中的市场占有率高达 80%,通过广域网(如 ISDN 或 Internet),可实现全球性的远程通信。网络规模可达 1 024 站,距离可达 1.5 km(电气网络)或 200 km(光纤网络)。符合 IEEE 802.3 标准的 100 Mbit/s 的高速以太网发送信息显著加快,占用总线的时间极短。

工业以太网将控制网络集成到信息技术(IT)中,可与使用 TCP/IP 协议的计算机传输数据,可使用 Email 和 Web 技术,用户可在工业以太网的 Socket 接口上编制自己的协议,可在网络中的任何一点进行设备启动和故障检查,冗余网络可构成冗余系统。

西门子可提供以太网通信模块或通信处理器,远程访问路由器可在广域网连接的两个以太网之间实现远程通信。

2. 现场总线 PROFIBUS

西门子通信网络的中间层为工业现场总线 PROFIBUS,它是用于车间级和现场级的国际标准,传输速率最大为 12 Mbit/s,响应时间的典型值为 1 ms,使用屏蔽双绞线电缆(最长 9.6 km)或光缆(最长 90 km),最多可接 127 个从站。

PROFIBUS 是不依赖生产厂家的、开放式的现场总线,各种各样的自动化设备均可通过同样的接口交换信息。PROFIBUS 已被纳入现场总线的国际标准 IEC 61158 和 EN 50170,已有 500 多家制造厂商提供种类繁多的带有 PROFIBUS 接口的现场设备,用户可以自由地选择最合适的产品,PROFIBUS 在全世界拥有大量的用户。PROFIBUS 可用于分布式 I/O 设备、传动装置、PLC 和基于 PC 的自动化系统。

PROFIBUS 由三部分组成,即 PROFIBUS – FMS(Fieldbus Message Specification,现场总线报文规范)、PROFIBUS – DP(Decentralized Periphery,分布式外部设备) 和 PROFIBUS – PA (Process Automation,过程自动化)。

1) PROFIBUS – FMS

PROFIBUS – FMS 定义了主站与主站之间的通信模型,使用 OSI 模型的第一、二、七层。应用层(第七层)包括现场总线报文规范 FMS 和低层接口 LLI(Lower Layer Interface)。LLI 协调不同的通信关系,提供不依赖于设备的第二层访问接口,提供总线存取控制和保证数据的可靠性。FMS 主要用于不同供应商的自动化系统之间传输数据,处理单元级(PLC 和 PC)的多主站数据通信,为解决复杂的通信任务提供了很大的灵活性。

2) PROFIBUS – DP

PROFIBUS – DP 用于自动化系统中单元级控制设备与分布式 I/O 的通信,可以取代 4 ~ 20 mA 模拟信号传输。

PROFIBUS – DP 使用第一、二层和用户接口层,第三至七层未使用,这种精简的结构确保了高速数据传输。直接数据链路映像程序 DDLM 提供对第二层的访问。用户接口规定了设备的应用功能、PROFIBUS – DP 系统和设备的行为特性。PROFIBUS – DP 特别适合于 PLC 与现场级分散的远程 I/O 设备之间的快速数据交换通信,即插即用,如用于西门子的 ET 200 分布式 I/O 系统。主站之间的通信为令牌方式,主站与从站之间为主从方式以及这两种方式的组合。使用编程软件 STEP 7 – Micro/WIN 或 SIMATIC NET 软件,可对网络设备组态或设置参数,可启动或测试网络中的节点。

3) PROFIBUS – PA

PROFIBUS – PA 用于与过程自动化的现场传感器和执行器进行低速数据传输,响应时间的典型值为 200 ms,最大传输距离为 1.9 km,使用屏蔽双绞线电缆,由总线提供电源。使用分段式耦合器可以将 PROFIBUS – PA 设备很方便地集成到 PROFIBUS – DP 网络中。通过本质安全总线供电,可用于危险区域的现场设备。在危险区域每个 DP/PA 链路可连接 15 个现场设备。在非危险区域每个 DP/PA 链路可连接 31 个现场设备。

此外基于 PROFIBUS,还推出了用于运动控制的总线驱动技术 PROFI – drive 和故障安全特性技术 PROFI – safe。

8.1.3 RS – 485 总线

硬件配置主要考虑两个问题。一是通信介质,以此构成信道。常用的通信介质有多股屏蔽电缆、双绞线、同轴电缆及光缆。此外,还可以通过电磁波实现无线通信。二是通信接口,包括以下几种。

1. RS – 232C

RS – 232C 是美国 EIC(电子工业联合会)在 1969 年公布的通信协议,至今仍在计算机和 PLC 中广泛使用。

RS – 232C 采用负逻辑,用 – 5 ~ – 15 V 表示逻辑状态 1,用 + 5 ~ + 15 V 表示逻辑状态 0。RS – 232C 的最大通信距离为 15 m,最高传输速率为 20 Kbit/s,只能进行一对一的通信。RS – 232C 可使用 9 针或 25 针的 D 型连接器,PLC 一般使用 9 针的连接器,距离较近时只需要 3 根线(见图 8.3,GND 为信号地)。RS – 232C 使用单端驱动、单端接收的电路(见图 8.4),容易受到公共地线上的电位差和外部引入的干扰信号的影响。

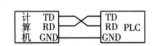

图 8.3 RS – 232C 的信号线连接

图 8.4 单端驱动单端接收

2. RS – 422A

美国的 EIC 于 1977 年制定了串行通信标准 RS – 499,对 RS – 232C 的电气特性作了改进,RS – 422A 是 RS – 499 的子集。RS – 422A 采用平衡驱动、差分接收电路(见图 8.5),从根本上取消了信号地线。平衡驱动器相当于两个单端驱动器,其输入信号相同,两个输出信号互为反相信号,图中的小圆圈表示反相。外部输入的干扰信号是以共模方式出现的,两根传输线上的共模干扰信号相同,因接收器是差分输入,共模信号可以互相抵消。只要接收器有足够的抗共模干扰能力,就能从干扰信号中识别出驱动器输出的有用信号,从而克服外部干扰的影响。RS – 422A 在最大传输速率(10 Mbit/s)时,允许的最大通信距离为 12 m;传输速率为 100 Kbp/s 时,最大通信距离为 1 200 m。一台驱动器可以连接 10 台接收器。RS – 422A 接口属于全双工通信方式,在工业计算机上配备的较多。

3. RS – 485

RS – 485 是 RS – 422A 的变形。RS – 422A 是全双工,两对平衡差分信号线分别用于发送和接收。RS – 485 为半双工,只有一对平衡差分信号线,不能同时发送和接收。

使用 RS – 485 通信接口和双绞线可组成串行通信网络(见图 8.6),构成分布式系统,系统中最多可有 32 个站,新的接口件已允许连接 128 个站。RS – 485 接口多用双绞线实现连接。计算机一般不配 RS - 485 接口,但工业计算机配备 RS - 485 接口较多。PLC 的不少通信模块也配用 RS - 485 接口,如西门子公司的 S7 系列 PLC 的 CPU 均配置了 RS - 485 接口。

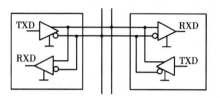

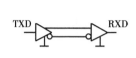

图8.5　平衡驱动差分接收　　　　　　　图8.6　RS - 485 网络

8.2　通信方式与通信参数设置

8.2.1　通信接口

在 STEP 7 - Micro/WIN 中选择菜单命令"检视"→"通信"或单击浏览栏中的"通信"图标,可进入设置通信的对话框,如图 8.7 所示。在对话框中双击 PC/PPI 电缆的图标,出现"设置 PG/PC 接口(Set PC/PC Interface)"对话框。按"Select(选择)"按钮,出现"安装/删除"窗口,可用它来安装或删除通信硬件。对话框的左侧是可供选择的通信硬件,右侧是已经安装好的通信硬件。

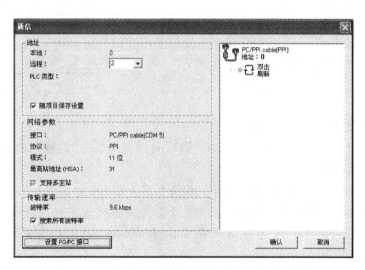

图8.7　通信设置对话框

1. 通信硬件的安装

从左边的选择列表框中选择要安装的硬件型号,窗口下部显示出对选择的硬件的描述。单击"Install(安装)"按钮,选择的硬件将出现在右边的"Installed(已安装)"列表框。安装完后按"Close(关闭)"按钮,回到"设置 PG/PC 接口"对话框。

2. 通信硬件的删除

通信硬件的删除在"安装/删除"窗口中右边的已安装列表框中选择硬件,单击"Uninstall(删除)"按钮,选择的硬件被删除。

8.2.2 设置 PG/PC 接口

如图 8.8 所示,打开"设置 PG/PC 接口"对话框时,"Micro/WIN"应出现在"Access Point of the Application(应用程序访问点)"列表框中。

选择了"Micro/WIN"并安装好硬件后,需要设置通信的属性。首先应在"接口参数指定(Interface Parameter Assignment)"列表框中选择通信协议,MPI ISA 卡可选择四种通信协议,PC/PPI 电缆只能选用 PPI 协议。

选择好通信协议后,单击"设置 PG/PC 接口"对话框中的"属性"按钮,然后在弹出的窗口中设置通信参数,如图 8.9 所示。

图 8.8　设置 PC/PG 接口

图 8.9　属性对话框

1. PC/PPI 电缆的 PPI 参数设置

如果使用 PC/PPI 电缆,在"设置 PG/PC 接口"对话框中单击"属性"按钮,就会出现 PC/PPI 电缆(PPI)的属性窗口。

进行通信时,STEP 7 – Micro/WIN 的默认设置为多主站 PPI 协议。此协议允许 STEP 7 – Micro/WIN 与其他主站(TD 200 与操作员面板)在网络中共为主站。选中 PG/PC 接口中"PC/PPI 电缆属性"对话框中的"多主站网络(Multiple Master Network)",即可启动此模式,未选择时为单主站协议。

使用单主站协议时,STEP 7 – Micro/WIN 假定它是网络中的唯一主站,不能与其他主站共享网络。通过调制解调器通信或在噪声严重的网络上传输数据时,应使用单主站协议。

按照下列步骤设置 PPI 参数。

(1)在 PPI 标签的站参数区(Station Parameter)的地址(Address)框中设置站地址。运行 STEP 7 – Micro/WIN 的计算机的默认站地址为 0。网络中第一台 PLC 的默认站地址为 2,网络中不同的站不能使用同一个站地址。

（2）在超时（Time-out）框中设置通信设备建立联系的最长时间，默认值为 10 s。

（3）如果希望 STEP 7 – Micro/WIN 加入多主站网络，应选中"多主站网络"复选框。使用调制解调器或 Windows NT 4.0 时软件不支持多主站网络。

（4）设置 STEP 7 – Micro/WIN 在网络上通信的传输波特率。

（5）根据网络中的设备数选择最高站地址。这是 STEP 7 – Micro/WIN 停止寻找网络中的其他主站的地址。

（6）单击本机连接（Local Connection）标签，选择连接 PC/PPI 电缆的计算机的 RS – 232C 通信口以及是否使用调制解调器。

设置完后按"确认"按钮。对于经验不足的初学者，可按标签中的"默认值（Default）"按钮，使用默认的参数。

2. 使用 MPI 或 CP 卡的多主站网络设置

在计算机上使用多主站接口（MPI）卡或通信处理器（CP5511 和 CP5611）卡时，有多种协议可供选择。多个主站和从站可以连在同一个网络中，但是增加站会影响网络的性能。

如果使用 MPI 或 CP 卡，在"设置 PG/PC 接口"对话框中选择通信卡和通信协议后，单击"属性"按钮，将会出现相应的窗口。各参数的设置方法与 PPI 参数的设置类似。

8.3　PLC 的通信指令

8.3.1　通信协议

S7 – 200 PLC 支持多种通信协议，如点对点接口（PPI）、多点接口（MPI）、PROFIBUS 协议和用户定义协议。这些协议基于七层开放系统互联模型（OSI）。PPI 和 MPI 协议通过 PROFIBUS 令牌环网实现，令牌环网是遵循 IEC 61158 和欧洲标准 EN 50170 的过程现场总线。它们都是基于字符的异步通信协议，带有起始位、8 位数据、偶校验和 1 个停止位。通信帧由起始和结束字符、源和目的站地址、帧长度和数据完整性校验和组成。只要波特率相同，3 个协议可以在网络中同时运行，不会相互影响。

1. 点对点接口协议（PPI）

PPI（Point-to-Point）是主从协议，网络上的 S7 – 200 CPU 均为从站，其他 CPU、SIMATIC 编程器或 TD 200 为主站。

如果在用户程序中允许 PPI 主站模式，一些 S7 – 200 CPU 在 RUN 模式下可以作主站，它们可以用网络读和网络写指令读写其他 CPU 中的数据。S7 – 200 CPU 作 PPI 主站时，还可以作为从站响应来自其他主站的通信申请。PPI 没有限制可以有多少个主站与一个从站通信，但是在网络中最多只能有 32 个主站。

2. 多点接口协议（MPI）

MPI 是集成在西门子公司的 PLC、操作员界面和编程器上的集成通信接口，用于建立小型的通信网络。最多可接 32 个节点，典型数据长度为 64 B，最大距离 100 m。

MPI（Multi-Point-Interface）可以是主/主协议或主/从协议。S7 – 300 CPU 作为网络主站，

使用主/主协议。对 S7 – 200 CPU 建立主/从连接,因为 S7 – 200 CPU 是从站。

MPI 在两个相互通信的设备之间建立连接,一个连接可能是两个设备之间的非公用连接,另一个主站不能干涉两个设备之间已经建立的连接。主站可以短时间建立连接,或使连接长期断开。

每个 S7 – 200 CPU 支持 4 个连接,每个 EM 277 模块支持 6 个连接。它们保留两个连接,其中一个给 SIMATIC 编程器或计算机,另一个给操作员面板。保留的连接不能被其他类型的主站(如 CPU)使用。

通过与 S7 – 200 CPU 建立一个非保留的连接,S7 – 300 CPU 及 S7 – 400 CPU 可以与 S7 – 200 CPU 或 EM 277 模块进行通信。利用 XGET 和 XPUT 指令,S7 – 300 和 S7 – 400 可以读写 S7 – 200。

3. PROFIBUS 协议

S7 – 200 CPU 需通过 EM 277 PROFIBUS – DP 模块接入 PROFIBUS 网络,网络通常有一个主站和几个 I/O 从站。给主站提供了网络中的 I/O 从站的型号和地址,主站初始化网络并核对网络中的从站设备是否与设置的相符。主站周期性地将输出数据写到从站,并从从站读取输入数据。当 DP 主站成功地设置了一个从站时,它就拥有该从站。如果网络中有第二个主站,它只能很有限地访问第一个主站的从站。

4. 用户定义协议(自由端口模式)

通过使用接收中断、发送中断、字符中断、发送指令(XMT)和接收指令(RCV),自由端口通信可以控制 S7 – 200 CPU 通信口的操作模式。利用自由端口模式,可以实现用户定义的通信协议,连接多种智能设备。

通过 SMB30,允许在 CPU 处于 RUN 模式时通信口 0 使用自由端口模式。CPU 处于 STOP 模式时,停止自由端口通信,通信口强制转换成 PPI 协议模式,从而保证了编程软件对 PLC 的编程和控制的功能。

8.3.2　网络读写指令

网络读写指令见表 8.1,表中还列出了其他的通信指令,将在后面介绍。

表 8.1　通信指令

指令	描述
NETR TBL,PORT	网络读
NETW TBL,PORT	网络写
XMT TBL,PORT	发送
RCV TBL,PORT	接收
GPA ADDR,PORT	读取口地址
SPA ADDR,PORT	设置口地址

网络读指令(NETR)初始化通信操作,通过通信端口(PORT)接收远程设备的数据并保存在表(TBL)中。TBL 和 PORT 均为字节型,PORT 为常数。网络写指令(NETW)初始化通信操

作,通过指定的端口(PORT)向远程设备写入表(TBL)中的数据。

NETR 指令可从远程站点上最多读取 16 B 的信息,NETW 指令可向远程站点最多写入 16 B 的信息。可以在程序中使用任意数目的 NETR 和 NETW 指令,但在任意时刻最多只能有 8 个 NETR 及 NETW 指令有效。TEL 表的参数定义见表 8.2,表中各参数的意义如下。

(1)远程站点地址:被访问的 PLC 地址。

(2)数据区指针(双字):指向远程 PLC 存储区中的数据的间接指针,占 4 个字节。

(3)数据长度:远程站点被访问数据的字节数(1～16)。

(4)接收或发送数据区:保存数据的 1～16 个字节,其长度在"数据长度"字节中定义。对于 NETR,此数据区是指执行 NETR 后存放从远程站点读取的数据区。对于 NETW,此数据区是指执行 NETW 前发送到远程站点的数据的存储区。

表 8.2　TBL 表的参数定义

VB100	D	A	E	0	错误码 EEEE
VB101	远程站点地址				
VB102	指向远程站点的数据区指针(I,Q,M,V)				
VB103					
VB104					
VB105					
VB106	数据长度(1～16 字节)				
VB107	数据字节 0				
VB108	数据字节 1				
⋮	⋮				
VB122	数据字节 15				

表 8.2 中首字节中各标志位的意义如下。

(1)D:操作已完成。0 表示未完成,1 表示功能完成。

(2)A:激活(操作已排队)。0 表示未激活,1 表示激活。

(3)E:错误。0 表示无错误,1 表示有错误。

4 位错误代码的说明如下。

(1)0:无错误。

(2)1:超时错误。远程站点无响应。

(3)2:接收错误。有奇偶错误,帧或校验和出错。

(4)3:离线错误。重复的站地址或无效的硬件引起冲突。

(5)4:队列溢出错误。多于 8 条 NETR/NETW 指令被激活。

(6)5:违反通信协议。没有在 SMB30 中允许 PPI,就试图执行 NETR/NETW 命令。

(7)6:非法的参数。NETR/NETW 表中包含非法或无效的参数值。

(8)7:没有资源。远程站点忙(正在进行上载或下载操作)。

(9)8:第七层错误。违反应用协议。

(10)9:信息错误。错误的数据地址或数据长度错误。

(11)A ~ F:未用。

NETR/NETW 指令使 ENO = 0 的错误条件是 SM4.3(运行时间)、0006(间接寻址)。

8.3.3 发送指令与接收指令

1. 自由端口模式

CPU 的串行通信接口可由用户程序控制,这种操作模式称为自由端口模式,梯形图程序可以使用接收完成中断、字符接收中断、发送完成中断、发送指令和接收指令来控制通信过程。在自由端口模式下,通信协议完全由用户程序控制。

通过向 SMB30 或 SMB130 的协议选择域(mm)置 1,可以将通信端口设置为自由端口模式(见表 8.3)。处于该模式时,不能与编程设备通信。

表 8.3 特殊存储器字节 SMB30 和 SMB130

端口 0	端口 1	描述							
SMB30 的格式	SMB130 的格式	自由端口模式的控制字节:							
		MSB7							LSB0
		p	p	d	b	b	b	m	m
SM30.6 和 SM30.7	SM130.6 和 SM130.7	pp 为奇偶校验选择,为 00 表示不校验,为 01 表示偶校验,为 10 表示不校验,为 11 表示奇校验							
SM30.5	SM130.5	d 为每个字符的位数,为 0 表示 8 位/字符,为 1 表示 7 位/字符							
SM30.2 ~ SM30.4	SM130.2 ~ SM130.4	bbb 为自由端口的波特率(bit/s)为 000 表示 38 400 bit/s,为 001 表示 19 200 bit/s,为 010 表示 9 600 bit/s,为 011 表示 4 800 bit/s,为 100 表示 2 400 bit/s,为 101 表示 1 200 bit/s,为 110 表示 600 bit/s,为 111 表示 300 bit/s							
SM30.0 和 SM30.1	SM130.0 和 SM130.1	mm 为协议选择,为 00 表示 PPI/从站模式,为 01 表示自由端口协议,为 10 表示 PPI/主站模式,为 11 表示保留(默认设置为 PPI/从站模式)							

可以用反映 CPU 模块上的工作方式开关当前位置的特殊存储器位 SM0.7 来控制自由端口模式的进入。当 SM0.7 为 1 时,方式开关处于 RUN 位置,可选择自由端口模式;当 SM0.7 为 0 时,方式开关处于 TERM 位置,应选择 PC/PPI 协议模式,以便于用编程设备监视或控制 CPU 模块的操作。SMB30 用于设置端口 0 通信的波特率和奇偶校验等参数。CPU 模块如果有两个端口,SMB130 用于端口 1 的设置。当选择代码 mm = 10(PPI/主站),CPU 成为网络的一个主站,可以执行 NETR 和 NETW 指令,在 PPI 模式下忽略 2 ~ 7 位。

2. 发送指令

发送指令 XMT(Transmit)启动自由端口模式下数据缓冲区(TBL)的数据发送。通过指定的通信端口(PORT),发送存储在数据缓冲区(TBL)中的信息。

使 ENO = 0 的错误条件是 SM4.3(运行时间)、0006(间接寻址)、0009(在端口 0 同时执行 XMT 和 RCV 指令)、000B(在端口 1 同时执行 XMT 和 RCV 指令)。

XMT 指令可以方便地发送 1 ~ 255 个字符,如果有中断程序连接到发送结束事件上,在发送完缓冲区中的最后一个字符时,端口 0 会产生中断事件 9,端口 1 会产生中断事件 26。可以监视发送完成状态位 SM4.5 和 SM4.6 的变化,而不是用中断进行发送,如向打印机发送信息。TBL 指定的发送缓冲区的格式如图 8.10 所示,起始字符和结束字符是可选项,第一个字节"字符数"是要发送的字节数,它本身并不发送出去。

| 字符数 | 起始字符 | 数据区 | 结束字符 |

图 8.10　缓冲区格式

如果将字符数设置为 0,然后执行 XMT 指令,以当前的波特率在线路上产生一个 16 位的 break(间断)条件。发送 break 与发送任何其他信息一样,采用相同的处理方式。完成 break 发送时产生一个 XMT 中断,SM4.5 或 SM4.6 反映 XMT 的当前状态。(见附录)

3. 接收指令

接收指令 RCV(Receive)初始化或中止接收信息的服务。通过指定的通信端口(PORT),接收信息并存储在数据缓冲区(TBL)中。数据缓冲区中的第一个字节用来累计接收到的字节数,它本身不是接收到的,起始字符和结束字符是可选项。

使 ENO =0 的错误条件是 SM86.6 和 SM186.6(RCV 参数错误)、SM4.3(运行时间)、0006(间接寻址)、0009(在端口 0 同时执行 XMT/RCV 指令)、000B(在端口 1 同时执行 XMT/RCV 指令)、CPU 不是在自由端口模式。

RCV 指令可以方便地接收一个或多个字符,最多可接收 255 个字符。如果有中断程序连接到接收结束事件上,在接收完最后一个字符时,端口 0 产生中断事件 23,端口 1 产生中断事件 24。

可以监视 SMB86 或 SMB186 的变化,而不是用中断进行报文接收。SMB86 或 SMB186 为非 0 时,RCV 指令未被激活或接收已经结束,正在接收报文时,它们为 0。

当超时或奇偶校验错误时,自动中止报文接收功能,必须为报文接收功能定义一个启动条件和一个结束条件。

也可以用字符中断而不是用接收指令来控制接收数据,每接收一个字符产生一个中断,在端口 0 或端口 1 接收一个字符时,分别产生中断事件 8 或中断事件 25。

在执行连接到接收字符中断事件的中断程序之前,接收到的字符存储在自由端口模式的接收字符缓冲区 SMB2 中,奇偶状态(如果允许奇偶校验的话)存储在自由端口模式的奇偶校验错误标志位 SM3.0 中。奇偶校验出错时应丢弃接收到的信息或产生一个出错的返回信号。端口 0 和端口 1 共用 SMB2 和 SMB3。

4. 获取与设置通信口地址指令

获取通信口地址指令 GETADDR 指令(Get Port Address)用来读取通信端口(PORT)指定的 CPU 口的站地址,并将数值放入 ADDR 指定的地址中。

使 ENO =0 的错误条件是 SM4.3(运行时间)、0006(间接地址)。

设置通信口地址指令 SET ADDR 指令(Set Port Address)用来将通信端口(PORT)地址设置为 ADDR 指定的数值。新地址不能永久保存,断电后又上电,通信口地址仍将恢复为上次的地址值(用系统块下载的地址)。

上述 4 条指令中的 TBL、PORT 和 ADDR 均为字节型,PORT 为常数。

5. 接收指令的参数设置

RCV 指令允许选择报文开始和报文结束的条件(见表 8.4)。SM86 ~ SM94 用于端口 0,SM186 ~ 194 用于端口 1。下面的 il =1 表示检测空闲状态,sc =1 表示检测报文的起始字符,

bk =1 表示检测 break 条件,SMW90 或 SMW190 中是以 ms 为单位的空闲线时间。在执行 RCV 指令时,有以下几种判别报文起始条件的方法。

表 8.4 RCV 指令允许选择报文开始和报文结束的条件

口 0	口 1	描述
SMB86	SMB186	报文接收的状态字节: 	MSB7						LSB0
---	---	---	---	---	---	---
n	r	e	0	0	t	c	p	 n =1 表示通过用户的禁止命令终止接收报文 r =1 表示接收报文终止,输入参数错误或无起始、结束条件 e =1 表示收到结束字符 t =1 表示接收报文终止,超时 c =1 表示接收报文终止,超出最大字符数 p =1 表示接收报文终止,奇偶校验错误
SMB87	SMB187	报文接收的状态字节: | MSB7							LSB0
---	---	---	---	---	---	---	---
en	sc	ec	il	c/m	tmr	bk	0	 en:为 0 表示禁止报文接收,为 1 表示允许报文接收,每次执行 REV 指令时检查允许/禁止接收报文位 sc:为 0 表示忽略 SMB88 或 SMB188,为 1 表示使用 SMB88 或 SMB188 的值检测报文的开始 ec:为 0 表示忽略 SMB89 或 SMB189,为 1 表示使用 SMB89 或 SMB189 的值检测报文的结束 il:为 0 表示忽略 SMW90 或 SMW190,为 1 表示使用 SMW90 或 SMW190 的值检测空闲状态 c/m:为 0 表示定时器是字符间超时定时器,为 1 表示定时器是报文定时器 tmr:为 0 表示忽略 SMW92 或 SMW192,为 1 表示超过 SMW92 或 SMW192 中设置的时间时终止接收 bk:为 0 表示忽略 break(间断)条件,为 1 表示用 break 条件来检测报文的开始 报文接收控制字节位用来定义识别报文的标准,报文的起始和结束标准均需定义
SMB88	SMB188	报文的起始字符
SMB89	SMB189	报文的结束字符
SMB90 SMB91	SMB190 SMB191	以 ms 为单位的空闲线时间间隔。空闲线时间结束后接收的第一个字符是新报文的起始字符。SMB90(或 SMB190)为高字节,SMB91(或 SMB191)为低字节
SMB92 SMB93	SMB192 SMB193	字符间/报文间定时器超时值(用 ms 表示),如果超时停止接收报文。SMB92(或 SMB192)为高字节,SMB93(或 SMB193)为低字节
SMB94	SMB194	接收的最大字符数(1 ~ 255 B) 注意:即使不用字符计数来终止报文,这个值也应按希望的最大缓冲区来设置

(1)空闲线检测:il = 1, sc = 0, bk = 0,SMW90 或 SMW190 > 0。在该方式下,从执行 RCV 指令开始,在传输线空闲的时间大于等于 SMW90 或 SMW190 中设定的时间之后接收的第一个字符作为新报文的起始字符。

（2）起始字符检测：il = 0，sc = 1，bk = 0，忽略 SMW90 或 SMW190。以 SMB88 中的起始字符作为接收到的报文开始的标志。

（3）break 检测：il = 0，sc = 0，bk = 1，忽略 SMW90 或 SMW190。以接收到 break 作为接收报文的开始。

（4）对通信请求的响应：il = 1，sc = 0，bk = 0，SMW90 或 SMW190 = 0（设置的空闲线时间为 0）。执行 RCV 指令后就可以接收报文。若使用报文超时定时器（c/m = 1），它从 RCV 指令执行后开始定时，时间到时强制性地终止接收。若在定时期间没有接收到报文或只接收到部分报文，则接收超时，一般用它来终止没有响应的接收过程。

（5）break 和一个起始字符：il = 0，sc = 1，bk = 1，忽略 SMW90 或 SMW190。以接收到的 break 之后的第一个起始字符作为接收信息的开始。

（6）空闲线和一个起始字符：il = 1，sc = 1，bk = 0，SMW90 或 SMW190 > 0。以空闲线时间结束后接收的第一个起始字符作为接收信息的开始。

（7）空闲线和起始字符（非法）：il = 1，sc = 1，bk = 0，SMW90 或 SMW190 = 0。除了以起始字符作为报文开始的判据外（sc = 1），其他的特点与（4）相同。

SMB87.3/SMB187.3 为 0 时，SMW92/SMW192 为字符间超时定时器，为 1 时为报文超时定时器。字符间超时定时器用于设置接收的字符间的最大间隔时间。只要字符间隔时间小于该设定时间，就能接收到所有信息，而与整个报文接收时间无关。

报文超时定时器用于设置最大接收信息时间，除（4）和（7）中所述特殊情况外，其他情况下在接收到第一个字符后开始定时，若报文接收时间大于该设置时间，将强制终止接收，不能接收到全部信息。

上述两种定时器的定时时间到时均强制结束接收，在 SMB86/SMB186 中都表现为接收超时。

接收结束条件可用逻辑表达式表示为：结束条件 = ec + tmr + 最大字符数，即在接收到结束字符、超时或接收字符超过最大字符数时，都会终止接收。另外，在出现奇偶校验错误（如果允许）或其他错误的情况下，也会强制结束接收。

8.4 两台 PLC 间的通信

8.4.1 控制要求

1. 控制目的

用 NETR 和 NETW 指令实现两台 PLC 之间的数据通信，用 A 机的 I0.0 ~ I0.7 控制 B 机的 Q0.0 ~ Q0.7，用 B 机的 I0.0 ~ I0.7 控制 A 机的 Q0.0 ~ Q0.7。A 机为主站，站地址为 2，B 机为从站，站地址为 3，编程用的计算机的站地址为 0。

2. 连线

两台 S7 - 200 PLC 与装有编程软件的计算机通过 RS - 485 通信接口和网络连接器组成一个使用 PPI 协议的单主站通信网络。用双绞线分别将连接器的两个 A 端子连在一起，两个

B 端子连在一起。作为实验室应用,也可以用标准的 9 针 D 型连接器来代替网络连接器。

8.4.2　地址设置

分别只用 PC/PPI 电缆连接各台 PLC。在编程软件中,用系统块分别将它们的站地址设为 2 和 3,并下载到 CPU 模块中去。然后连接好网络线,双击图中的"通信刷新"图标,编程软件将会显示出网络中站号为 2 和 3 的两个子站。双击某一个子站的图标,编程软件将和该子站建立连接,可以对它进行下载、上载和监视等通信操作。

8.4.3　资源分配

表 8.5 是 A 机的网络读写缓冲区内的地址安排,下面是 A 机(主站)的通信程序。A 机读取 B 机的 IB0 的值后,将它写入本机的 QB0,A 机同时用网络写指令将它的 IB0 的值写入 B 机的 QB0。在本例中,B 机在通信中是被动的,它不需要通信程序。

表 8.5　网络读写缓冲区

字节意义	状态字节	远程站地址	远程站数据区指针	读写的数据长度	数据字节
NETR 缓冲区	VB100	VB101	VB102	VB106	VB107
NETW 缓冲区	VB110	VB111	VB112	VB116	VB117

8.4.4　控制程序

1. A 机梯形图程序

A 机梯形图程序如图 8.11 所示。

2. A 机的语句表程序

A 机的语句表程序如下:

```
    LD      SM0.1
    MOVB    2,SMB30          //PPI 主站模式
    FILL    0,VW100,10       //清空接收缓冲区和发送缓冲区
    LD      V100.7           //若网络读操作完成
    MOVB    VB107,QB0        //将读取的 B 机的 IB0 送给 QB0
    LDN     SM0.1
    AN      V100.6           //若 NETR 未被激活
    AN      V100.5           //且没有错误
    MOVB    3,VB101          //送远程站的站地址
    MOVD    &IB0,VD102       //送远程站的数据区指针值 IB0
    MOVB    1,VB106          //送要读取的数据字节数
    NETR    VB100,0          //从端口 0 读 B 机的 IB0,缓冲区的起始地址为 VB100
    LDN     SM0.1
    AN      V110.6           //若 NFTW 未被激活
```

AN	V110.5	//且没有错误
MOVB	3,VB111	//送远程站的站地址
MOVD	&QB0,VD112	//送远程站的数据区指针值 QB0
MOVB	1,VB116	//送要写入的数据字节数
MOVB	IB0,VB117	//将本机的 IB0 的值写入发送数据缓冲区的数据区
NETW	VB110,0	//从端口 0 写 B 机的 QB0,缓冲区的起始地址为 VB110

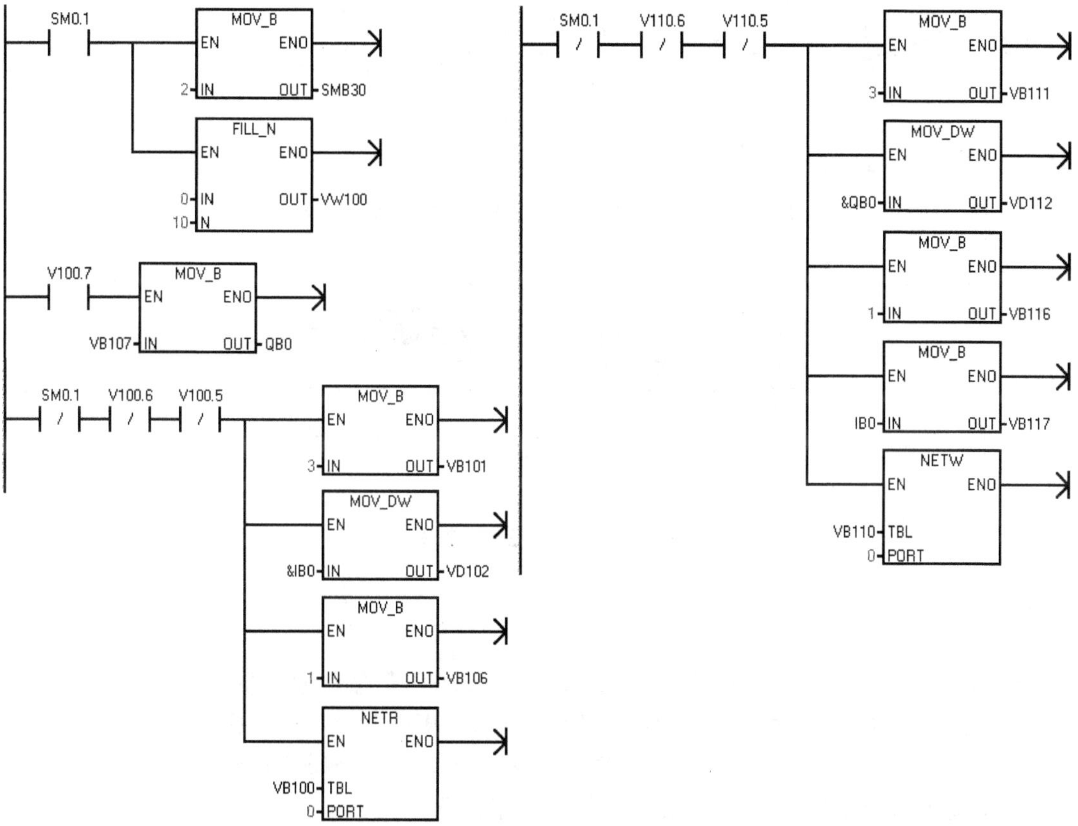

图 8.11　网络读写控制梯形图

8.5　PLC 与打印机的通信

1.控制要求

PLC 自由口通信模式向打印机发送信息,输入 I0.0 为 1 的时候,打印文字"SIMATIC S7 – 200！"。

2.联机控制图

(1)流程图如图 8.12 所示。

(2)PLC 控制接线如图 8.13 所示。

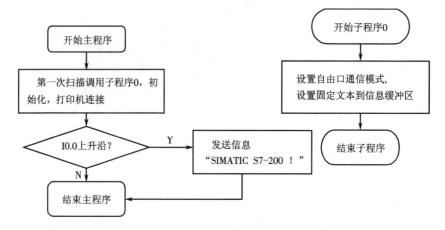

图 8.12 PLC 自由口通信模式向打印机发送信息

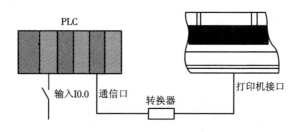

图 8.13 PLC 控制接线图

3. PLC 编程

1) 子程序 SBR_0

PLC 设置 RUN 方式时,特殊寄存器 SM0.7 为 1,SM30.1 为 1,通信模式为自由口通信。

PLC 设置 TERM 方式时,特殊寄存器 SM0.7 为 0,SM30.1 为 0,通信模式为 PPI。

I0.0 上升沿发送 ASCII 码,并打印 VB80 中存放所发送的 ASCII 码个数。

XMT 指令的 PORT 设置为 0,发送完换回,程序如下。

主程序:自由口通信与打印机联机

Network 1

//调用子程序 SBR_0

```
LD      SM0.1
CALL    SBR0
```

Network 2

//PLC 设置 RUN 方式时,特殊寄存器 SM0.7 为 1,SM30.1 为 1,通信模式为自由口通信;

//PLC 设置 TERM 方式时,特殊寄存器 SM0.7 为 0,SM30.1 为 0,通信模式 PPI;

```
LD      SM0.7
=       SM30.1
```

Network 3

//I0.0 上升沿发送 ASCII 码,并打印 VB80 中存放所发送的 ASCII 码个数。

```
LD        I0.0
EU
XMT       VB80，0
```

子程序 SBR_0:

```
Network 1                //设置自由口通信模式
LD        SM0.0
MOVB      9，SMB30
Network 2                //设置信息长度为16个 ASCII 码字符
LD        SM0.0
MOVB      16，VB80
Network 3                //字符"SI"对应的 ASCII 码十六进制数"5349"存入 VW81
LD        SM0.0
MOVW      16#5349，VW81
Network 4                //字符"MA"对应的 ASCII 码十六进制数"4D41"存入 VW83
LD        SM0.0
MOVW      16#4D41，VW83
Network 5                //字符"TI"对应的 ASCII 码十六进制数"5449"存入 VW85
LD        SM0.0
MOVW      16#5449，VW85
Network 6                //字符"C【"对应的 ASCII 码十六进制数"4320"存入 VW87
LD        SM0.0
MOVW      16#4320，VW87
Network 7                //字符"S7"对应的 ASCII 码十六进制数"5337"存入 VW89
LD        SM0.0
MOVW      16#5337，VW89
Network 8                //字符" −2"对应的 ASCII 码十六进制数"2D32"存入 VW91
LD        SM0.0
MOVW      16#2D32，VW91
Network 9                //字符"00"对应的 ASCII 码十六进制数"3030"存入 VW93
LD        SM0.0
MOVW      16#3030，VW93
Network 10               //字符"】!"对应的 ASCII 码十六进制数"0D0A"存入 VW95
LD        SM0.0
MOVW      16#0D0A，VW95
CRET
```

2)子程序 SBR_0

设置自由口通信模式。

设置信息长度 16 个 ASCII 码字符(包括空格):SIMATIC S7 – 200 !。

字符"SI"对应的 ASCII 码十六进制数"5349"存入 VW81。

字符"MA"对应的 ASCII 码十六进制数"4D41"存入 VW83。

字符"TI"对应的 ASCII 码十六进制数"5449"存入 VW85。

字符"C【"对应的 ASCII 码十六进制数"4320"存入 VW87。

字符"S7"对应的 ASCII 码十六进制数"5337"存入 VW89。

字符" –2"对应的 ASCII 码十六进制数"2D32"存入 VW91。

字符"00"对应的 ASCII 码十六进制数"3030"存入 VW93。

字符"】!"对应的 ASCII 码十六进制数"0D0A"存入 VW95。

习　　题

1. 数据通信方式有哪两种? 它们分别有什么特点?

2. 串行通信方式包含哪两种传输方式?

3. PLC 采用什么方式通信? 其特点是什么?

4. 西门子公司的 S7 – 200 PLC 的 CPU 支持的通信协议主要有哪些? 各有什么特点?

5. 带 RS – 232C 接口的计算机如何与带 RS – 485 接口的 PLC 链接?

6. 在自由端口模式下用发送完成中断实现计算机与 PLC 之间的通信,波特率为 9 600 bit/s,8 个数据位,1 个停止位,偶校验,无起始字符,停止字符为 16#AA,超时检测时间为 2 s,可以接收的最大字符为 200,接收缓冲区的起始地址为 VB50。试设计 PLC 通信程序中的初始化子程序。

项目 9　变频器控制

学习目标：
　　通过对本项目的学习,掌握西门子 MM420 变频器的结构,学会其数字量控制、模拟量控制和通信控制方法。

9.1　变频器工作原理

　　交流变频器是微计算机及现代电力电子技术高度发展的结果。微计算机是变频器的核心,电力电子器件构成了变频器的主电路。从发电厂送出的交流电的频率是恒定不变的,在我国为 50 Hz,交流电机的同步转速

$$N_1 = \frac{60f_1}{p}$$

式中　N_1——同步转速,r/min;

　　　　f_1——定子频率,Hz;

　　　　p——电机的磁极对数。

　　而异步电机转速

$$N = N_1(1-s) = \frac{60f_1}{p}(1-s)$$

式中　s——转差率,$s = (N_1 - N)/N_1$,一般小于 3%。

　　N 与送入电机的电流频率 f_1 成正比例或接近于正比例。因而,改变频率可以方便地改变电机的运行速度,也就是说变频对于交流电机的调速来说是十分合适的。

9.1.1　变频器的基本结构

　　从频率变换的形式来说,变频器分为交—交和交—直—交两种形式。交—交变频器可将工频交流电直接变换成频率、电压均可控制的交流电,称为直接式变频器,价格较高。而交—直—交变频器则是先把工频交流电通过整流变成直流电,然后再把直流电变换成频率、电压均可控制的交流电,又称间接式变频器。市售通用变频器多是交—直—交变频器,其基本结构如图 9.1 所示,主回路由整流器、中间直流电路、逆变器和控制电路组成,现将各部分的功能分述如下。

　　(1)整流器。电网侧的变流器是整流器,它的作用是把三相(也可以是单相)交流整流成

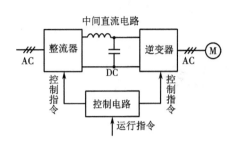

图9.1 交—直—交变频器的基本结构

直流。

(2)中间直流电路。中间直流电路的作用是对整流电路的输出进行平滑,以保证逆变电路及控制电源得到质量较高的直流电源。由于逆变器的负载多为异步电机,属于感性负载。无论电机是处于电动还是发电制动状态其功率因数总不会为1。因此在中间直流环节和电机之间总会有无功功率的交换。这种无功能量要靠中间直流电路的储能元件(电容器或电抗器)来缓冲。所以又常称中间直流电路为中间直流储能电路。

(3)逆变器。负载侧的变流器为逆变器。逆变器的主要作用是在控制电路的控制下将直流平滑输出电路的直流电源转换为频率及电压都可以任意调节的交流电源。逆变电路的输出就是变频器的输出。

(4)控制电路。变频器的控制电路包括主控制电路、信号检测电路、门极驱动电路、外部接口电路及保护电路等几个部分,其主要任务是完成对逆变器的开关控制、对整流器的电压控制及完成各种保护功能。控制电路是变频器的核心部分,其性能的优劣决定了变频器的性能。

一般三相变频器的整流电路由三相全波整流桥组成,中间直流电路的储能元件在整流电路是电压源时是大容量的电解电容,在整流电路是电流源时是大容量的电感。为了满足电机制动的需要,中间直流电路中有时还包括制动电阻及一些辅助电路。逆变电路最常见的结构形式是利用6个半导体主开关器件组成的三相桥式逆变电路,有规律地控制逆变器中主开关的通与断,可以得到任意频率的三相交流输出。现代变频器控制电路的核心器件是微计算机,全数字化控制为变频器的优良性能提供了硬件保障。图9.2为电压型变频器和电流型变频器主电路的基本结构。

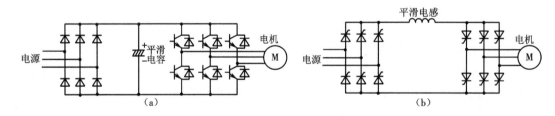

图9.2 变频器主电路基本结构

(a)电压型变频器主电路 (b)电流型变频器主电路

9.1.2 变频器的分类及工作原理

变频器的工作原理还与变频器的工作方式有关,通用变频器按工作方式分类如下。

1. U/f 控制

U/f 控制即电压与频率成比例变化控制,又称恒压频比控制。由于通用变频器的负载主要是电机,出于电机磁场恒定的考虑,在变频的同时都要伴随着电压的调节。U/f 控制忽略了电机漏阻抗的作用,在低频段的工作特性不理想。因而实际变频器中常采用 E/f(恒电动势频比)控制。采用 U/f 控制方式的变频器通常被称为普通功能变频器。

2. 转差频率控制

转差频率控制是在 E/f 控制基础上增加转差控制的一种控制方式。从电机的转速角度看,这是一种以电机的实际运行速度加上该速度下电机的转差频率确定变频器的输出频率的控制方式。更重要的是在 E/f 常数条件下,通过对转差频率的控制,可以实现对电机转矩的控制。采用转差频率控制的变频器通常属于多功能型变频器。

3. 矢量控制

矢量控制是受调速性能优良的直流电机磁场电流及转矩电流可分别控制的启发而设计的一种控制方式。矢量控制将交流电机的定子电流采用矢量分解的方法,计算出定子电流的磁场分量及转矩分量并分别控制,从而大大提高了变频器对电机转速及力矩控制的精度及性能。采用矢量控制的变频器通常称为高功能变频器。

变频器按工作方式分类的主要工程意义在于各类变频器对负载的适应性。普通功能型变频器适用于泵类负载及要求不高的反抗性负载,而高功能变频器适用于位能性负载。

9.1.3　MM440/420 变频器简介

1. MM440/420 变频器基本结构

和 PLC 一样,变频器是一种可编程的电气设备。在变频器接入电路工作前,要根据通用变频器的实际应用修订变频器的功能码(参数)。功能码一般有数十甚至上百条,涉及调速操作端口指定、频率变化范围、力矩控制、系统保护等各个方面。功能码在出厂时已按默认值存储。修订是为了使变频器的性能与实际工作任务更加匹配。变频器与外界交换信息的接口很多,除了主电路的输入与输出接线端外,控制电路还设有许多输入输出端子,另有通信接口及一个操作面板,功能码的修订一般就通过操作面板完成。

西门子的 MM440/420(MicroMaster 440/420)变频器是用于三相交流电机调速的系列产品,由微处理器控制,采用绝缘栅双极性晶体管(IGBT)作为功率输出部件,具有很高的运行可靠性和很强的功能。它采用模块化结构,组态灵活,由多种完善的变频器和电机保护功能,由内置的 RS-485/232C 接口和用于简单过程控制的 PI 闭环控制器,可以根据用户的特殊需求对 I/O 端子进行功能自定义。快速电流限制(FCL)改善了动态响应特性,低频时也可以输出大力矩。

MM420 的输出功率为 0.12 ~ 11 kW,适合于各种变速传动,尤其适合于作水泵、风机和传送带系统的驱动控制。

MM440 的输出功率为 0.75 ~ 90 kW,适合于要求高、功率大的场合。它采用无传感器矢量控制和 ECO 节能控制,有提升类专用功能和机械制动的延时释放、超前吸合控制功能,可以保证升降机的安全平稳运行。传送带故障监视功能可以保证生产线安全运行。MM440 有参数自整定的 PID 控制器,闭环转矩控制方式可以实现主/从方式的控制,适合多机同轴驱动。

用户在设置变频器参数时,可以选用价格便宜的基本操作面板(BOP)或具有多种文本显示功能的高级操作面板(AOP),AOP 最多可以存储 10 组参数设定值。

MM420 基本操作面板如图 9.3 所示,1 改变电机的转动方向,2 启动变频器,3 停止变频器,4 电机点动,5 访问参数,6 减少数值,7 增加数值,8 功能切换。

2. MM420 变频器外部结构与控制方式

变频器的输出频率控制有以下四种方式。

(1)操作面板控制方式。这是通过操作面板上的按钮手动设置输出频率的一种操作方式。具体操作又有两种方法:一种是按面板上频率上升或频率下降的按钮,调节输出频率;另一种方法是通过直接设定频率数值调节输出频率。

(2)外输入端子数字量频率选择操作方式。变频器常设有多段频率选择功能。各段频率值通过功能码设定,频率段的选择通过外部端子选择。变频器通常在控制端子中设置一些控制端,如图 9.4 中的端子 DIN1、DIN2、DIN3,它们的七种组合可选定七种工作频率值。这些端子的接通组合可通过机外设备,如 PLC 控制实现。

(3)外输入端子模拟量频率选择操作方式。为了方便与输出量为模拟电流或电压的调节器、控制器的连接,变频器还设有模拟量输入端,如图 9.4 中的 AIN + 端为电压模拟量的正极,AIN – 为电压模拟量的负极。L1、L2、L3 端为三相电压输入端,当接在这些端口上的电流或电压量在一定范围内平滑变化时,变频器的输出频率在一定范围内平滑变化。

(4)通信数字量操作方式。为了方便与网络接口,变频器一般都设有网络接口,都可以通过通信方式,接收频率变化指令,不少变频器生产厂家还为自己的变频器与 PLC 通信设计了专用的协议,如西门子公司的 USS 协议即是 MM420 系列变频器的专用通信协议,P + 和 N – 与 RS –485 线相接。

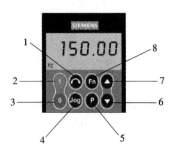

图 9.3　MM420 基本操作面板

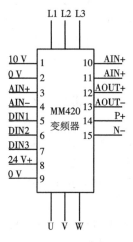

图 9.4　MM420 端子结构图

9.2　变频器开关量控制

9.2.1　控制要求

(1)电机正向运行。闭合开关 SB1 时,电机正向启动,经 5 s 后稳定运行在 560 r/min 的转速上。

断开 SB1,电机按 5 s 斜坡下降时间停车,经 5 s 后电机停止运行。

(2)电机反向运行。闭合开关 SB2 时,电机反向启动,经 5 s 后反向运行在 560 r/min 的转速上。

断开 SB2,电机按 5 s 斜坡下降时间停车,经 5 s 后电机停止运行。

(3)电机正向点动运行。按下正向点动按钮 SB3 时,电机按 5 s 点动斜坡上升时间正向点动运行,经 5 s 后稳定运行在 280 r/min 的转速上。

放开 SB3,电机按 P1061 所设定的 5 s 点动斜坡下降时间停车。

9.2.2 硬件接线

MM420 变频器有 4 个数字输入端口(端口接线图见《MM420 使用大全》),开关量控制接线图如图 9.5 所示,需要说明的是 24 V 电源来自外部。

9.2.3 参数设置

西门子变频器端口功能很多,用户可根据需要设置。从 P0701 ~ P0704 为数字量输入 1 ~ 4 功能。每一个数字输入功能设置参数值从 0 ~ 99(参数功能见《MM420 使用大全》),下面是几个常用的参数值及其含义。

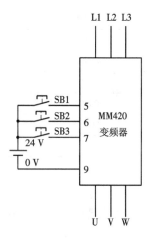

图 9.5 变频器开关量控制
接线图

(1)0:禁止数字输入。

(2)1:ON/OFF1(接通正转/停车命令1)。

(3)2:ONreverse/OFF1(接通反转/停车命令1)。

(4)3:OFF2(停车命令2),按惯性自由停车。

(5)4:OFF3(停车命令3),按斜坡函数曲线快速降速停车。

(6)9:故障确认。

(7)10:正向点动。

(8)11:反向点动。

(9)12:反转。

(10)17:固定频率设定值。

(11)25:直流注入制动。

MM420 变频器数字输入端口 5、6、7 接 3 个按钮 SB1、SB2、SB3。5 端口(DIN1)设为正转控制,其功能由 P0701 的参数值设置。6 端口(DIN2)设为反转控制,其功能由 P0702 的参数值设置。7 端口(DIN3)设为正向点动控制,其功能由 P0703 的参数值设置。参数设置步骤如下。

(1)接好线路,检查无误后接通变频器电源。

(2)恢复变频器工厂缺省值,见表 9.1。

表 9.1　恢复工厂设置

参数号	设置值	说明
P0010	30	工厂的设定值
P0970	1	参数复位

（3）设置电机参数，见表9.2。

表 9.2　电机参数设置

参数号	设置值	说明
P0003	1	设用户访问级为标准级
P0010	1	快速调试
P0100	0	选择工作地区
P0304	380	电机额定电压/V
P0305	0.2	电机额定电流/A
P0307	30	电机额定功率/W
P0310	50	电机额定频率/Hz
P0311	1 430	电机额定转速/(r/min)

设置完成后，使 P0010 =0，变频器处于准备状态，可正常运行。

（4）设置数字输入控制端口开关操作运行参数，见表9.3。

表 9.3　数字输入控制端口开关操作运行参数设置

参数号	设置值	说明
P0003	1	设用户访问级为标准级
P0004	7	命令和数字 I/O
P0700	2	命令源选择"由端子排输入"
P0003	2	设置访问级为扩展级
P0004	7	命令和数字 I/O
P0701	1	数字输入1,ON 表示接通正转,OFF 表示停止
P0702	2	数字输入2,ON 表示接通反转,OFF 表示停止
P0703	10	正向点动
P0003	1	设用户访问级为标准级
P0004	10	设定值通道和斜坡函数发生器
P1000	1	由键盘(电动电位计)输入设定值
P1080	10	电机运行的最低频率/Hz
P1082	50	电机运行的最高频率/Hz
P1120	5	斜坡上升时间/s

参数号	设置值	说明
P1121	5	斜坡下降时间/s
P0003	2	设置访问级为扩展级
P0004	10	设定值通道和斜坡函数发生器
P1040	20	设定键盘控制的频率值
P1058	10	正向点动频率/Hz
P1060	5	点动斜坡上升时间/s
P1061	5	点动斜坡下降时间/s

9.2.4　操作控制

（1）电机正向运行。闭合开关 SB1 时，变频器数字输入端口 5 为 ON，电机按 P1120 所设定的 5 s 斜坡上升时间正向启动，经 5 s 后稳定运行在 560 r/min 的转速上。此转速与 P1040 所设置的 20 Hz 频率对应。

断开 SB1，数字输入端口 5 为 OFF，电机按 P1121 所设定的 5 s 斜坡下降时间停车，经 5 s 后电机停止运行。

（2）电机反向运行。闭合开关 SB2 时，变频器数字输入端口 6 为 ON，电机按 P1120 所设定的 5 s 斜坡上升时间反向启动，经 5 s 后反向运行在 560 r/min 的转速上。此转速与 P1040 所设置的 20 Hz 频率对应。

断开 SB2，数字输入端口 6 为 OFF，电机按 P1121 所设定的 5 s 斜坡下降时间停车，经 5 s 后电机停止运行。

（3）电机正向点动运行。按下正向点动按钮 SB3 时，变频器数字输入端口 7 为 ON，电机按 P1060 所设定的 5 s 点动斜坡上升时间正向点动运行，经 5 s 后稳定运行在 280 r/min 的转速上。此转速与 P1058 所设置的 10 Hz 频率对应。

放开 SB3，数字输入端口 7 为 OFF，电机按 P1061 所设定的 5 s 点动斜坡下降时间停车。

9.3　变频器模拟量控制

9.3.1　控制要求

（1）电机正转。闭合开关 SB1 时，电机正向运转，转速由外接给定电位器来控制，电机转速可从 0 到额定值连续变化。

断开 SB1，电机停止运行。

（2）电机反转。闭合开关 SB2 时，变频器数字输入端口 6 为 ON，电机反向运转，与电机正转相同，反转转速的大小可从 0 到额定值连续变化。

断开 SB2，电机停止运行。

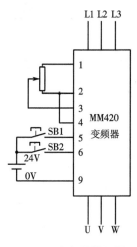

L1 L2 L3

MM420
变频器

SB1
SB2
24V
0V

U V W

图9.6 变频器模拟量
控制接线原理

9.3.2 硬件接线

MM420变频器可以通过数字量输入端口控制电机的正反转方向,由模拟输入端控制电机转速大小。MM420变频器的模拟量输入为0~10 V电压,在模拟量输入端接一电位器便可,如图9.6。

通过设置P0701的参数值,使数字输入端口5具有正转控制功能;通过设置P0702的参数值,使数字输入端口6具有反转控制功能(参数功能见《MM420使用大全》);模拟量输入端口3和4外接实验台模拟量给定输出,通过端口3输入大小可调的模拟电压信号,控制电机转速大小,即由数字量控制电机的正反转方向,由模拟控制电机转速大小。

9.3.3 参数设置

(1)恢复变频器工厂缺省值。

(2)设置电机参数。设置完成后,使P0010 = 0,变频器处于准备状态,可正常运行。

(3)设置模拟信号操作控制参数,见表9.4。

表9.4 模拟信号操作控制参数的设置

参数号	设置值	说明
P0003	1	设用户访问级为标准级
P0004	7	命令和数字I/O
P0700	2	命令源选择"由端子排输入"
P0003	2	设置访问级为扩展级
P0004	7	命令和数字I/O
P0701	1	ON表示接通正转,OFF表示停止
P0702	2	ON表示接通反转,OFF表示停止
P0003	1	设用户访问级为标准级
P0004	10	设定值通道和斜坡函数发生器
P1000	2	频率设定值选择为"模拟输入"
P1080	0	电机运行的最低频率/Hz
P1082	50	电机运行的最高频率/Hz
P1120	5	斜坡上升时间/s
P1121	5	斜坡下降时间/s

9.3.4 操作控制

(1)电机正转。闭合开关SB1时,变频器数字输入端口5为ON,电机正向运转,转速由外接给定电位器来控制,模拟电压信号在 0～15 V 变化(调节时注意电机转速不要超过额定转速,以免损坏电机)。通过调节电位器改变端口 3 模拟输入电压信号的大小,可平滑无级地调节电机转速的大小。断开 SB1,电机停止运行。通过 P1120 和 P1121 参数,可改变斜坡上升时间和斜坡下降时间。

(2)电机反转。闭合开关 SB2 时,变频器数字输入端口 6 为 ON,电机反向运转,与电机正转相同,反转转速的大小仍由实验台给定电位器来调节。断开 SB2,电机停止运行。当然,该模拟量也可来自模拟量输出模块,利用 PLC 来控制。

9.4　S7－200 PLC 与变频器的通信

9.4.1　控制要求

变频器具有调节范围宽、精度高、可靠性好、效率高、操作方便,便于与其他设备接口和通信等优点。随着技术的发展和价格的降低,变频器在工业控制中的应用越来越广泛。如果用 PLC 的开关量、模拟量模块与变频器交换信息,存在以下问题。

(1)需要占用 PLC 较多的 I/O 点,或使用价格昂贵的模拟量模块。

(2)现场布线多,且容易引入噪声干扰。

(3)PLC 可以从变频器获得的信息和对变频器的控制手段都很有限。

如果 PLC 通过通信来监控变频器,可以有效地解决上述问题。通信时使用的接线少,传送的信息量大,可以连续地对多台变频器进行监控和控制,还可以通过通信修改变频器的参数,实现多台变频器的联动控制和同步控制。

使用 USS 通信协议,用户程序可以通过子程序实现 S7－200 PLC 和变频器之间的通信,编程的工作量很小。通信网络由 PLC 和变频器内置的 RS－485 通信接口和双绞线组成,一台 S7－200 PLC 的 CPU 最多可以监控 31 台变频器。这是一种硬件费用低、使用方便的通信方式。

本控制要求为,USS 协议控制 3 号、4 号两台电机,能控制电机的正反转方向,由程序设定值控制电机转速大小。

9.4.2　硬件接线

变频器通信控制最好选用 2 个 RS－485 通信口的 PLC,将 RS－485 口的端子 3 与变频器的端口 14 连接,将 RS－485 口的端子 8 与变频器的端口 15 连接,如图 9.7 所示。本图中为了突出通信连接,未画出 PLC 的接线及变频器的动力接线。

9.4.3　参数设置

(1)恢复变频器工厂缺省值。

(2)设置电机参数。设置完成后,使 P0010 ＝ 0,变频器处于准备状态,可正常运行。

(3)设置通信控制参数,见表 9.5。

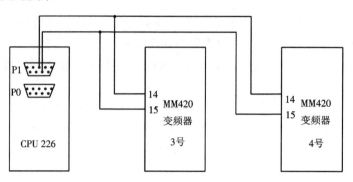

图9.7　变频器开关量控制接线图

表9.5　通信控制参数设置

设置步骤	参数号	设置值	说明
恢复出厂设置	P0010	30	工厂的设定值
	P0970	1	参数复位
设置电机参数 (轴流风机)	P0003	1	设用户访问级为标准级
	P0010	1	快速调试
	P0100	0	选择工作地区
	P0304	380	电机额定电压/V
	P0305	0.2	电机额定电流/A
	P0307	30	电机额定功率/W
	P0310	50	电机额定频率/Hz
	P0311	1 360	电机额定转速/(r/min)
设置 USS 通信参数	P0003	2	设用户访问级别
	P0010	0	退出快速调试
	P2010	6	需按两次 P,波特率对应 9 600 bit/s
	P2011	3	变频器结点地址
	P0700	5	允许 USS 控制变频器
	P1000	5	允许通过 USS 发送频率设定值
	P0003	4	设用户访问级别,可读电流
变频器运行	P0010	0	进入准备状态
变频器显示	—	—	按 P 进入显示运行频率值

9.4.4　USS 通信协议

1. USS 通信协议的功能

S7 - 200 PLC 可以采用通用的串行接口协议 USS 与变频器通信。所有的西门子变频器均带有一个 RS - 485 串行通信口。PLC 作为主站,最多允许 31 个变频器作为通信线路中的从站。根据各变频器的地址或者采用广播方式,可以访问需要通信的变频器,主站才有权利发出通信请求报文,报文中的地址字符指定要传输数据的从站。从站只有在接到主站的请求报文后才可以向主站发送数据,从站之间不能直接进行信息交换。

在使用 Modbus 协议或 USS 协议之前,需要先安装西门子的指令库,安装后在 STEP 7 – Micro/Win 的指令树的"\指令\库"中,出现两个文件夹"USS Protocol"和"Modbus Protocol",如图 9.8 所示,里面有两个用于通信协议的子程序和中断程序。S7 – 200 PLC 如果调用 USS 协议指令,会在项目中自动增加一个或多个有关的子程序。STEP 7 – Micro/Win 指令库提供 14 个子程序、3 个中断程序和 8 条指令来支持 USS 协议。

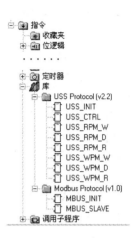

图 9.8   USS 协议库

2. USS 协议指令使用的 CPU 资源

(1)USS 通信占用端口 0 或 1,使用 USS_INIT 指令时可以选择端口 1 使用 USS 或 PPI 协议。选择 USS 协议后,不能将端口 1 用于任何其他用途,包括与 STEP 7 – Micro/Win 通信。只有通过执行另外一条 USS_INIT 指令,或将 CPU 的模式开关置于 STOP 位置,才能重新使端口 1 用于与 STEP 7 – Micro/Win 通信。PLC 与变频器的通信中断将使变频器停止工作。

建议用户在开发 USS 协议应用程序时,使用配有两个端口的 CPU 224XP 或 CPU 226,或通过 EM 277 PROFIBUS – DP 模块连接到计算机的 PROFIBUS – DP 卡上。这样可以用第二个通信端口在 USS 协议运行时监控应用程序。

(2)USS 协议指令影响与端口 1 的自由端口通信有关的所有特殊寄存器。

(3)USS 协议指令使用 14 个子程序、3 个中断程序和累加器 AC0 ~ AC3。

(4)USS 协议指令还要占用 2 300 ~ 3 600 个字节的用户程序空间和 400 个字节的 V 存储区。某些 USS 指令需要一个 16 个字节的通信缓冲区,该缓冲区的起始地址由用户指定。建议为每一条 USS 协议指令分配一个单独的缓冲区。在中断程序中不能使用 USS 指令。

3. 变频器的通信时间

变频器的通信与 CPU 的扫描是异步的,完成一次变频器通信通常需要几次 CPU 扫描。通信时间与变频器的台数、波特率和扫描时间有关。通信速率为 19 200 bit/s 时,与一台变频器的通信时间为 35 ms,系统手册给出了有关的表格。USS_INIT 指令将端口 0 分配给 USS 协议后,CPU 轮询所有激活的变频器。轮询一遍所需的时间等于与一台变频器通信所需的时间乘以被激活的变频器的台数。

4. 使用 USS 协议指令的步骤

(1)编写用户程序。有了指令库中的 8 条 USS 指令,就可以用来控制变频器和读写变频器的参数。用户不需要关注这些子程序的内部结构,可以根据下面介绍的子程序外部功能,直接在用户程序中调用它们。

USS_INIT 指令用于初始化或改变 USS 的通信参数,只需在第一个扫描周期调用一次。

在用户程序中,每一个被激活的变频器只能有一条 USS_DRV_CTRL(变频器控制)指令。可以任意使用 USS_RPM_x(读变频器参数)和 USS_WPM_x(写变频器参数)指令,但是每次只能激活其中一条指令。

（2）为 USS 指令库分配 V 存储区。在用户程序中调用 USS 指令后，用鼠标右键点击指令树中的程序块图标，在弹出的菜单中执行"库内存"命令，为 USS 指令库使用的 397 个字节的 V 存储区指定起始地址。

（3）用变频器的操作面板设置变频器的通信参数，使之与用户程序中所用的波特率和从站地址等项符合。

（4）根据系统手册的要求连接 CPU 和变频器之间的通信电缆。为了减轻变频器的干扰，与变频器相连的任何控制设备（如 PLC），均需用短而粗的电缆将其接地点连接到变频器的接地点或星形接线的中点。

连接参考电位不同的设备时，会在连接电缆中产生不希望的电流，可能会引起通信故障或损坏设备。要确保通信电缆连接的所有设备共用一个公共电路参考点，或相互隔离，以防止不希望的电流出现。屏蔽线必须接到机箱接地点或 9 针连接器的 1 脚。建议将 MM 变频器的端子 2(0 V) 连接到机箱接地点。

5. 初始化指令 USS_INIT

初始化指令用于允许、初始化或禁止变频器的通信。在执行其他 USS 协议指令之前，必须先成功运行 USS_INIT 指令。该指令执行后完成位 Done 置位，然后才能继续执行下一条指令。

EN 输入端接 SM0.1，保证仅在第一次扫描时执行该指令。如果 USS 协议已初始化，在改变初始化参数之前，必须执行一条新的 USS_INIT 指令，来禁止 USS 协议的执行。

字节 Mode 为 1 将端口 0 分配给 USS 协议；为 0 将端口 0 分配给 PPI 协议，并禁止 USS 协议。

双字 Baud 用于设定波特率。

双字 Active 用于指定激活哪几台变频器。Active 共 32 位（第 0 ~ 31 位），每一位对应一台变频器。0 表示不激活，1 表示激活。被激活的变频器自动地被轮询，以控制其运行和采集其状态。

当 USS_INIT 指令执行完成时，输出位 Done 为 1，输出字节 Error 包含指令执行情况的信息。

6. 变频器控制指令 USS_CTRL

USS_CTRL 指令用于控制处于激活状态的变频器，每台变频器只能使用一条这样的命令。该指令将用户命令放在一个通信缓冲区内如果由 Drive 指定的变频器被指令中的 Active 参数选中，缓冲区内的命令将被发送到该变频器。

EN 输入位一般为 SM0.0。

RUN 控制变频器为 1 或是 0。为 1 时，变频器受到启动命令，以规定的速度和方向运行。变频器运行必须具备以下条件：在 USS_INIT 中将变频器激活，输入参数 OFF2 和 OFF3 为 0，输出参数 Fault 和 Inhibit 为 0，当 RUN 位为 0 时，向变频器发送停止命令，电机减速，直到停止。

OFF2 输入位用于控制变频器减速，直到停止。OFF3 用于控制 MM 变频器快速停车。

故障确认输入位 F_ACK 用于确认变频器中所发生的故障，当 F_ACK 由低变为高时，变频器将清除故障(Fault)。

方向输入位 DIR 用于设置变频器的运动方向,0 和 1 分别表示逆时针和顺时针方向。

字节 Drive 是 DRV_CTRL 命令发送给 MM 变频器的站地址(0~31)。

字节 Type 是变频器的类型,3 系列或更早的类型为 0,4 系列的为 1。

实数 Speed_SP 是用满速的百分比表示的速度设定值(-200.0% ~200.0%)。该值为负时使变频器反方向旋转。

Resp_R 位用于确认从变频器来的响应。所有处于激活状态的变频器被轮询,产生最新的变频器状态信息。每当 CPU 从变频器收到一个响应,Resp_R 便接通一个扫描周期,并刷新以下各变量。

(1)Error 是错误字节,包含发送到变频器的最新通信请求的结果。系统手册给出了 USS 指令的执行错误代码。

(2)Status 是由变频器返回的状态字的原始值,系统手册给出了状态字各位的意义。

(3)实数 Speed 是变频器返回的用满速百分比表示的变频器速度(-200.0% ~200.0%)。

(4)输出位 Run_EN 用于指示变频器的状态,1 表示变频器正在运行,0 表示停止运行。

(5)输出位 D_Dir 用于指示变频器的旋转方向,1 表示变频器逆时针运行,0 表示顺时针运行。

(6)输出位 Inhibit 用于指示变频器的禁止位的状态,0 表示不禁止,1 表示禁止。要清除禁止位,输出位 Fault 必须为 0,RUN、OFF2、OFF3 等输入位也必须为 0 状态。

(7)输出位"Fault"是故障位,为 0 表示无故障,为 1 表示有故障。发生故障时,变频器将提供故障代码(参阅变频器使用手册)。需要消除故障原因,并使 F_ACK 为 1,才能清除 Fault 位。

7. 读取变频器参数的 USS_RPM_x 指令

USS_RPM_W、USS_RPM_D 和 USS_RPM_R 指令分别用于读取变频器的一个无符号字、一个无符号双字和一个实数类型的参数。当变频器确认接收到命令或返回一条错误信息时,则完成了 USS_RPM_W 指令的处理。在进行这一处理并等待响应到来时,逻辑扫描仍继续进行。同时只能激活一条读或写变频器参数的指令。

EN 位必须为 1,以启动请求的发送,并且要保持为 1,直到 Done 位被置 1 时为止,它标志着整个处理过程的结束。

当发送请求输入位 XMT_REQ 为 ON 时,USS_RPM_x 的请求被传送给变频器,因此 EN 和 XMT_REQ 输入端必须接同一触点,XMT_REQ 输入端还必须另外接跳变检测触点,只在 EN 输入端的上升沿向变频器发出请求。

字节变量 Drive 用于输入指令要发送去的变频器的地址(0~31)。

字变量 Param 和 Index 分别是要读取的变频器参数的编号和参数的下标值。

双字输入 DB_Ptr 提供 16 字节缓冲区的地址,该缓冲区用于存储向变频器发送的命令的执行结果。

Value 是返回的参数字。执行完该指令后,Done 输出位变为 ON,同时输出字节 Error 中包含执行该指令的结果。

9.4.5 资源分配

根据上述指令,分配资源参数见表9.6,注意要为指令分配库存储区。

表9.6 变频器通信控制资源分配

类别	地址	含义
输入	I0.0	3号变频器启停控制
	I0.1	3号变频器停止
	I0.2	3号变频器快速停车
	I0.3	3号变频器故障确认
	I0.4	3号变频器正反转控制
	I0.5	4号变频器启停控制
	I0.6	4号变频器停止
	I0.7	4号变频器快速停车
	I1.0	4号变频器故障确认
	I1.1	4号变频器正反转控制
输出	Q0.0	3号变频器启停状态
	Q0.1	3号变频器实际转向
	Q0.2	3号变频器的禁止位的状态
	Q0.3	3号变频器故障位
	Q0.4	4号变频器启停状态
	Q0.5	4号变频器实际转向
	Q0.6	4号变频器的禁止位的状态
	Q0.7	4号变频器故障位
存储区	V0.0	3、4号变频器初始化成功
	V0.2	3号变频器轮询响应
	V0.3	3号变频器读取状态
	VB1	变频器初始化错误代码
	VB2	3号变频器错误字节
	VW4	3号变频器返回状态字
	VD6	3号变频器实际转速
	VB10	3号变频器读取结果
	VD12	3号变频器电流读取结果
	VB40 ~ VB59	3号变频器缓冲区
	VB22	4号变频器错误字节
	VW24	4号变频器返回状态字
	VD26	4号变频器实际转速
	VB30	4号变频器读取结果
	VD32	4号变频器电流读取结果
	VB60 ~ VB79	4号变频器缓冲区
	VB905 ~ VB1031	USS库存储区

9.4.6 变频器通信控制程序

变频器通信控制梯形图程序见表9.7。

表 9.7 变频器通信控制梯形图程序

梯形图程序	注释
网络 1 初始化 SM0.1　　　　V0.0 ├──┤ ├──────(R) 　　　　　　　　　　4	//初始化
网络 2 初始化2台变频器 SM0.1　　　　┌─ USS_INIT_P1 ─┐ ├──┤ ├────┤EN　　　　　　　│ 　　　　　　　　│　　　　　　　　│ 　　　　　　1─┤Mode　　　 Done├─V0.0 　　　　9600─┤Baud　　　 Error├─VB1 　　　　　24─┤Active　　　　　　│	//初始化 3 号、4 号变频器
网络 3 3号变频器控制 SM0.0　　　　┌─ USS_CTRL_P1 ─┐ ├──┤ ├────┤EN　　　　　　　│ I0.0　　　　　│　　　　　　　　│ ├──┤ ├────┤RUN　　　　　　│ I0.1　　　　　│　　　　　　　　│ ├──┤ ├────┤OFF2　　　　　　│ I0.2　　　　　│　　　　　　　　│ ├──┤ ├────┤OFF3　　　　　　│ I0.3　　　　　│　　　　　　　　│ ├──┤ ├────┤F_ACK　　　　　│ IU.4　　　　　│　　　　　　　　│ ├──┤ ├────┤DIR　　　　　　 │ 　　　　　3─┤Drive　 Resp_R├─V0.2 　　　　　1─┤Type　　 Error├─VB2 　　　60.0─┤Speed~　Status├─VW4 　　　　　　│　　　 Speed├─VD6 　　　　　　│　　 Run_EN├─Q0.0 　　　　　　│　　　 D_Dir├─Q0.1 　　　　　　│　　 Inhibit├─Q0.2 　　　　　　│　　　 Fault├─Q0.3	//对 3 号变频器控 制

续表

梯形图程序	注释

网络 4

3号变频器电流读取

```
SM0.0          USS_RPM_R_P1
─┤├──────────┤EN

SM0.5
─┤├──┤ P ├───┤XMT_~

           3─Drive    Done─V0.3
          78─Param    Error─VB10
           0─Index    Value─VD12
        &VB40─DB_Ptr
```

//读取 3 号变频器
实际电流

网络 5

4号变频器控制

```
SM0.0          USS_CTRL_P1
─┤├──────────┤EN

I0.5
─┤├──────────┤RUN

I0.6
─┤├──────────┤OFF2

I0.7
─┤├──────────┤OFF3

I1.0
─┤├──────────┤F_ACK

I1.1
─┤├──────────┤DIR

           4─Drive    Resp_R─M0.2
           1─Type     Error ─MB20
        60.0─Speed~   Status─VW500
                      Speed ─VD404
                      Run_EN─Q0.0
                      D_Dir ─Q0.1
                      Inhibit─Q0.2
                      Fault ─Q0.3
```

//对 4 号变频器的
控制

续表

梯形图程序	注释

网络 6

4号变频器电流读取

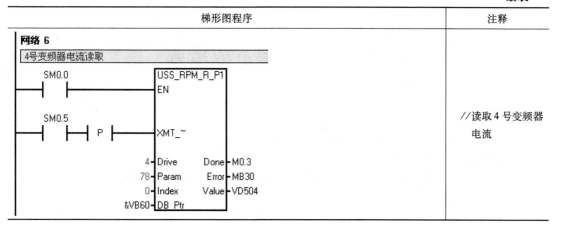

//读取 4 号变频器
电流

习　题

1. 变频器有哪四种控制方式？
2. 变频器的常用参数有哪些？
3. 变频器分为哪几类？简述其工作原理。
4. 如何利用 PLC 的模拟量控制变频器的转速？

项目 10　水箱水位控制

学习目标：
　　通过对本项目的练习,学会触摸屏组态基本操作步骤,利用触摸屏启停电机、显示水箱水位、设置 PID 参数等。

10.1　水箱水位控制工艺分析

10.1.1　控制要求

　　生产及生活都离不开水。但如果水源离用水场所较远,就需要管路的输送。可以利用水箱产生水压,水泵开着时将水打到水箱中,水泵停机时,借助水箱的水位继续供水。

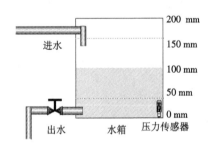

图 10.1　水箱结构示意图

　　有一水箱可向外部用户供水,用水量往往不稳定,时大时小。现需要对水箱中水位进行恒液位控制,并可在 0 ~ 200 mm 范围内进行调节。如设定水箱水位高度为 100 mm 时,则不管水箱的出水量如何,调节进水,都要求水箱水位能保持在 100 mm 位置,如出水量少,则要求进水也少,水泵转得慢,如果出水量大,则控制进水也要大,水泵转动得快。水箱结构示意图如图 10.1 所示。

　　图中压力传感器用于检测水箱中的水压,当水位下降时,水压降低;用水量小时,水压升高。水压传感器将水压的变化转变为电流或电压的变化送给调节器。

10.1.2　设计思路

　　因为液位高度与水箱底部的水压成正比,可用一个压力传感器来检测水箱底部的压力,然后换算为液位高度。要实现水位恒定,需用 PID 算法对水位进行自动调节,把压力传感器检测到的水位信号 4 ~ 20 mA 送入到 PLC 中,在 PLC 中对设定值与监测值的偏差进行 PID 运算,运算结果输出给变频器,控制水泵电机的转速,最终控制进水。

10.1.3　设备选型

1. PLC 选取

选取 S7 – 200 PLC,选用 CPU 226,因其有足够的输入输出点,且有两个 RS – 485 口,一个口用来编程调试,另一个口连接触摸屏。

2. 模拟量模块

现需一个模拟量输入,用来测量水位高度;一个模拟量输出,用来控制 PLC。现选择 1 块 EM 235 模拟量输入输出模块。

3. 变频器

选择西门子 MM420 变频器,用于调节水泵电机转速。

4. 触摸屏

选择西门子 TP 277 10 in 触摸屏,用于设定水位高度,设置 PID 参数,监控水位高度的实时变化、电机启停、水位报警。

10.2　触摸屏与组态软件

当大型的电气控制系统需要数十乃至数百个操作按钮,需要随时显示机器运行中的大量数据,需要用图像的形式显示设备各关键部位的工作状态,并需在面积只有普通电视机屏幕大小的区域完成操作及显示时,这就只有使用目前最先进的图示化显示操作技术了。在 PLC 领域中,这项技术的代表产品是触摸屏。

触摸屏是一种交互式图形化人机界面设备,它可以设计及储存数十至数百幅黑白或彩色的画面。可以直接在面板上用手指点击换页或输入操作命令,还可以连接打印机打印报表,是一种理想的操作面板设备。

由于触摸屏具有坚固耐用、反应速度快、节省空间、易于交流等许多优点,只要用手指轻轻地碰显示屏上的图符或文字就能实现对主机操作,从而使人机交互更为直截了当。作为一种最新的输入设备,它是目前最简单、方便、自然的一种人机交互方式。触摸屏在我国的应用范围非常广,主要是公共信息的查询,如电信局、税务局、银行、电力等部门的业务查询等。

10.2.1　触摸屏工作原理

触摸屏根据所用的介质以及工作原理,可分为电阻式、电容式、红外线式和表面声波式多种。

1. 红外线式触摸屏

红外线式触摸屏原理很简单,只是在显示器上加上光点距架框,无须在屏幕表面涂敷涂层或接驳控制器。光点距架框的四边排列着红外线发射管及接收管,在屏幕表面形成一个红外线网。用户以手指触摸屏幕某一点,便会挡住经过该位置的横竖两条红外线,计算机便可即时算出触摸点位置。红外触摸屏不受电流、电压和静电干扰,适宜在某些恶劣的环境条件工作。其主要优点是价格低廉、安装方便、不需要存储卡或其他任何控制器,可以用在各档次的计算机上。不过,由于只是在普通屏幕增加了框架,在使用过程中架框四周的红外线发射管及接收管很容易损坏,且分辨率较低。

2. 电容式触摸屏

电容式触摸屏的构造主要是在玻璃屏幕上镀一层透明的薄膜导体层,再在导体层外加上一块保护玻璃,双玻璃设计能彻底保护导体层及感应器。

电容式触摸屏在触摸屏四边均镀上狭长的电极,在导电体内形成一个低电压交流电场。用户触摸屏幕时,由于人体电场,手指与导体层间会形成一个耦合电容,四边电极发出的电流会流向触点,而电流强弱与手指到电极的距离成正比,位于触摸屏幕后的控制器便会计算电流的比例及强弱,准确算出触摸点的位置。电容触摸屏的双玻璃不但能保护导体及感应器,更有效地防止外在环境因素对触摸屏造成的影响,就算屏幕沾有污秽、尘埃或油渍,电容式触摸屏依然能准确计算出触摸位置。

3. 电阻技术触摸屏

电阻技术触摸屏的屏体部分是一块与显示器表面非常配合的多层复合薄膜,由一层玻璃或有机玻璃作为基层,表面涂有一层透明的导电层(OTI,氧化铟),上面再覆盖一层外表面经硬化处理、光滑防刮的塑料,它的内表面也涂一层 OTI,在两层导电层之间有许多细小(小于千分之一英寸)的透明隔离点把它们隔开绝缘。当手指接触屏幕,两层 OTI 导电层出现一个接触点,因其中一面导电层接通 Y 轴方向的 5 V 均匀电压场,使得侦测层的电压由 0 变为非 0,控制器侦测到这个接通后,进行 A/D 转换,并将得到的电压值与 5 V 相比,即可得到触摸点的 Y 轴坐标,同理也可得出 X 轴的坐标,这就是电阻技术触摸屏共同的最基本原理。根据引出线数数量,电阻屏分为四线、五线等多线电阻触摸屏。五线电阻触摸屏的 A 面是导电玻璃而不是导电涂覆层,导电玻璃的工艺使其寿命得到极大的提高,并且可以提高透光率。

电阻式触摸屏的 OTI 涂层比较薄且容易脆断,涂得太厚又会降低透光且形成内反射,降低清晰度,OTI 外虽多加了一层薄塑料保护层,但依然容易被锐利物件所破坏;且由于经常被触动,表层 OTI 使用一定时间后会出现细小裂纹,甚至变形,如其中一点的外层 OTI 受破坏而断裂,便失去作为导电体的作用,触摸屏的寿命并不长久。但电阻式触摸屏不受尘埃、水、污物影响。

4. 表面声波触摸屏

表面声波触摸屏的触摸屏部分可以是一块平面、球面或是柱面的玻璃平板,安装在 CRT、LED、LCD 或是等离子显示器屏幕的前面。这块玻璃平板只是一块纯粹的强化玻璃,区别于其他触摸屏技术的是没有任何贴膜和覆盖层。玻璃屏的左上角和右下角各固定了竖直和水平方向的超声波发射换能器,右上角则固定了两个相应的超声波接收换能器。玻璃屏的 4 个周边则刻有 45°角由疏到密间隔非常精密的反射条纹。

发射换能器把控制器通过触摸屏电缆送来的电信号转化为声波能量向左方表面传递,然后由玻璃板下边的一组精密反射条纹把声波能量反射成向上的均匀面传递,声波能量经过屏体表面,再由上边的反射条纹聚成向右的线传播给 X 轴的接收换能器,接收换能器将返回的表面声波能量变为电信号。发射信号与接收信号波形在没有触摸的时候,接收信号的波形与参照波形完全一样。当手指或其他能够吸收或阻挡声波能量的物体触摸屏幕时,X 轴途经手指部位向上走的声波能量被部分吸收,反映在接收波形上即某一时刻位置上波形有一个衰减缺口。接收波形对应手指挡住部位信号衰减了一个缺口,计算缺口位置即得触摸坐标,控制器分析到接收信号的衰减并由缺口的位置判定 X 坐标。之后 Y 轴经过同样的过程判定出触摸点的 Y 坐标。除了一般触摸屏都能响应的 X、Y 坐标外,表面声波触摸屏还响应第三轴 Z 轴坐标,也就是能感知用户触摸压力大小值。三轴一旦确定,控制器就把它们传给主机。

表面声波触摸屏不受温度、湿度等环境因素影响,分辨率极高,有极好的防刮性,寿命长(5 000 万次无故障);透光率高(92%),能保持清晰透亮的图像质量;没有漂移,最适合公共场所使用。但表面感应系统的感应转换器在长时间运作下,会因声能所产生的压力而受到损坏。一般羊毛或皮革手套都会接收部分声波,使感应的准确度受到一定影响。屏幕表面或接触屏幕的手指如沾有水渍、油渍、污物或尘埃,会影响其性能,甚至令系统停止运作。

10.2.2　西门子触摸屏

西门子触摸屏以其先进强大的功能,稳定可靠的质量,低廉的价格和完善的服务广泛应用于纺织机械、工程机械、医疗制药、空调制冷等行业。该触摸屏主要包括以下几个系列。

1. TP 系列(触摸屏)

TP 系列有 TP 070、TP 170、TP 177、TP 177A、TP 177B、TP 178、TP 170A、TP 170B、TP 27、TP 27 – 6、TP 270 – 10、TP 270 – 6 等型号。其中部分触摸屏如图 10.2 所示。

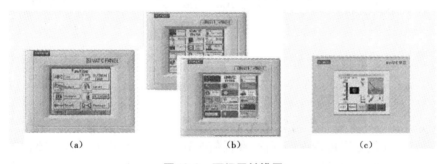

(a)　　　　　　　　(b)　　　　　　　　(c)

图 10.2　西门子触摸屏

(a)TP 170A　(b)TP 170B　(c)TP 27 – 6

TP 170A 基于 Windows CE 操作系统,为 SIMATIC S7 系列而设计,具有处理简单程序的能力。

TP 170B 有功能强大的触摸面板,集成界面同样适用于其他品牌的控制器。

TP 27 – 6 系列触摸面板有彩色和单色两种显示屏供选择,集成面板同样适用于其他品牌控制器。

TP 27 – 10 与 TP 27 – 6 相似,但具有 10.4 in 的彩色显示屏。

TP 270 型触摸式面板,采用彩色 STN 触摸屏(模拟/耐磨),可选 5.7 in 或 10.4 in 显示。

2. OP 系列(操作面板)

OP 系列有 OP 7、OP 17、OP 27、OP 73、OP 170、OP 270 – 6、OP 270 – 10 等型号。

OP 270 型操作面板,可用键盘操作,可选 5.7 in 或 10.4 in 彩色 STN 显示。

3. MP 系列(键控和触摸式)

MP 系列有 MP 270、MP 270B、MP 370 等型号。

MP 270B 是多功能平台的典型产品。MP 270B 有键控和触摸屏之分。两种 MP 270B 都带有一个分辨率为 640×480 像素(VGA)的 10.4 in TFT 显示器。与它的前一代产品 MP 270 相比,MP 270B 拥有功能更加强大的处理器和更加成熟的显示技术。由于增强了亮度,MP 270B 拥有卓越的显示能力,易于读取。

10.2.3　组态软件

在使用工控软件中,人们经常提到组态一词,组态的英文是"Configuration",其意为是用应用软件提供的工具、方法,完成工程中某一具体任务的过程。

与硬件生产相对照,组态与组装类似。如要组装一台电脑,事先提供了各种型号的主板、机箱、电源、CPU、显示器、硬盘及光驱等,然后的工作就是用这些部件拼凑成自己需要的电脑。当然软件中的组态要比硬件的组装有更大的发挥空间,因为它一般要比硬件中的"部件"更多,而且每个"部件"都很灵活,因为软件都有内部属性,通过改变属性可以改变其规格(如大小、形状、颜色等)。

在组态概念出现之前,要实现某一任务,都是通过编写程序(如使用 BASIC、C、FORTRAN 等)来实现的。编写程序不但工作量大、周期长,而且容易犯错误,不能保证工期。组态软件的出现,解决了这个问题。对于过去需要几个月的工作,通过组态几天就可以完成。

组态软件一般英文简称有三种,分别为 HMI、MMI、SCADA。目前组态软件的发展迅猛,已经扩展到企业信息管理系统、管理和控制一体化、远程诊断和维护以及在互联网上的一系列的数据整合。

组态软件产品于 20 世纪 80 年代初出现,并在 20 世纪 80 年代末期进入我国。国内外主要产品有 InTouch、Fix、Citech、CiT、WinCC、组态王、Controx(开物)、ForceControl(力控)、MCGS 等。

组态王是由国内一家较有影响的组态软件开发公司开发的,功能丰富、操作简单。组态王 6.5 的 Internet 功能逼真再现现场画面,在任何时间、任何地点均可实时掌控企业的每一个生产细节,现场的流程画面、过程数据、趋势曲线、生产报表(支持报表打印和数据下载)、操作记录和报警等均可轻松浏览。用户还可以自己编辑发布的网站首页信息和图标,成为真正企业信息化的 Internet 门户。

使用组态软件 WinCC flexible 对西门子的人机界面进行组态和模拟调试的方法,包括对变量、画面、动画、报警、用户管理、数据记录、趋势图、配方、报表、运行脚本、以太网通信的组态方法。用 WinCC flexible 可对人机界面的运行进行离线模拟和在线模拟的方法,用 WinCC flexible 和 STEP 7 可模拟人机界面和 S7-300/400 PLC 组成的控制系统的运行。

TP 070 和 TP 170 触摸屏使用专用的组态软件 PROTOOL 来生成画面,由用户自定义操作接口,例如图形、滚动条、按钮、指示灯、输入框等。

10.2.4　WinCC flexible 安装

1. 安装要求

WinCC flexible 运行于标准 IBM-PC 机,支持与普通的 IBM/AT 格式兼容的所有 PC 平台。

安装 WinCC flexible 的 PC 系统,建议采用如下软件配置。

(1)操作系统:Windows 2000 SP4 或 Windows XP 专业版 SP2。

(2)IE6.0 SP1/SP2。

(3)Adobe Acrobat Reader 5.0。

2. 安装 WinCC flexible

满足系统要求后,即可以将 WinCC flexible 2007 中国标准版安装光盘放入光驱,运行安装程序。具体操作步骤如下所述。

(1)程序提示选择安装界面语言。此处选择的只是在安装过程中所使用的界面语言,与今后程序界面语言、组态多语言项目没有关系。

(2)提示阅读注意事项。用户阅读完注意事项后,单击"下一步"按钮,进入下一个安装页面。

(3)安装程序开始自动监测当前系统情况并评估系统信息。如果用户已经安装较早版本的 WinCC flexible,则安装程序会提示需要先将原先老版本的 WinCC flexible 卸载后,再重新运行安装程序。

(4)评估系统信息完成后,提示阅读许可证协议。目前,WinCC flexible 2007 中国标准版仍然不需要授权许可(2008 版需授权)。单击"下一步"按钮进入下一个安装页面。

(5)选择接受许可证条款后,选择需要安装的程序,其中包括 WinCC flexible 工程系统、运行系统和自动化软件的授权管理器,进入下一步。某一项前面如果已经勾选中,则表示该项程序已经存在于计算机中,不必再进行安装。在此页面下,选择具体的每一项需要安装的程序,并可以更改安装目录。建议将所有需要安装的程序组件安装在同一目录下。

这里,可供选择的安装类型有"完整安装"、"最小化安装"和"自定义安装"三种,如图10.3 所示。大多数用户直接选择"完整安装"即可。

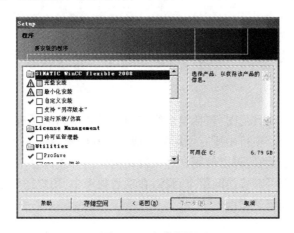

图 10.3　安装界面

1)完整安装

完整安装为默认的安装方式,包括所有 WinCC flexible 组件。

(1)WinCC flexible 工程系统,包括 WinCC flexible 诊断、WinCC flexible集成、移植、帮助文件、安装语言和英语。

(2)WinCC flexible 运行系统。

2）最小化安装

最小化安装，只包括下列 WinCC flexible 组件。

（1）WinCC flexible 工程系统，包括帮助文件、安装语言和英语。

（2）WinCC flexible 运行系统。

3）自定义安装

自定义安装，可以由用户自行选择想要安装的 WinCC flexible 组件。

（1）WinCC flexible 诊断，用于分析错误的运行系统插件，可视化察看操作系统事件。

（2）WinCC flexible 集成，用于将 WinCC flexible 集成到 STEP 7 和 SIMOTION 中。使用 CBA 组件，可以根据 PROFINET 规范创建具有自定义功能的封装功能模块。

（3）移植：用于将现有的 PROTOOL 项目或 WinCC 项目数据平滑转换到 WinCC flexible 平台下。

（4）WinCC flexible 图形，包括各种图形、HMI 图像和各种图库、符号库等。

（5）WinCC flexible 帮助系统，为在线帮助系统。WinCC flexible 的帮助系统十分强大，几乎包含了所有与该软件相关的信息，如 VBS 语言参考等。

10.2.5　编程环境

软件编程环境如图 10.4 所示。

1. 菜单和工具栏

图 10.4 中窗口上方为软件菜单和工具栏，包括组态常用的工具，例如编译、下载、模拟运行、新建和打开等。可以通过 WinCC flexible 的菜单和工具栏访问它所提供的全部功能。当光标移动到一个功能上时，将出现该工具的提示。

2. 工作区

图 10.4 窗口中间位置为工作区，用于进行各种具体的组态工作和编辑项目对象的操作，例如编辑画面、定义通信和创建变量等。所有 WinCC flexible 元素都排列在工作区域的边框中。

3. 项目视图

图 10.4 窗口左方为项目视图，包括整个组态项目需要用到的所有编辑器和项目设置，例如组态通信、组态变量等。项目中所有可用的组成部分和编辑器在项目视图中以树型结构显示，作为每个编辑器的子元素，可以使用文件夹以结构化的方式保存对象。此外，画面、配方、脚本、协议和用户词典都可直接访问组态目标，在项目视图中，用户还可以访问 HMI 设备的设置、语言设置和版本管理等子项。

4. 属性视图

图 10.4 中窗口下方为属性视图。属性视图用于显示在工作区中当前每一个对象的具体属性设置，并编辑对象属性，例如画面对象的颜色等。属性视图仅在特定编辑器中可用。

5. 工具箱

图 10.4 窗口右方为工具箱，它集成了组态所需的常用工具和对象，包括组态画面所用到的线条、图形对象、按钮和棒图等常用控件。用户可通过简单的鼠标拖放，将这些对象添加给画面，例如图形对象或操作员控制元素。此外，工具箱也提供了许多库，这些库包含许多对象

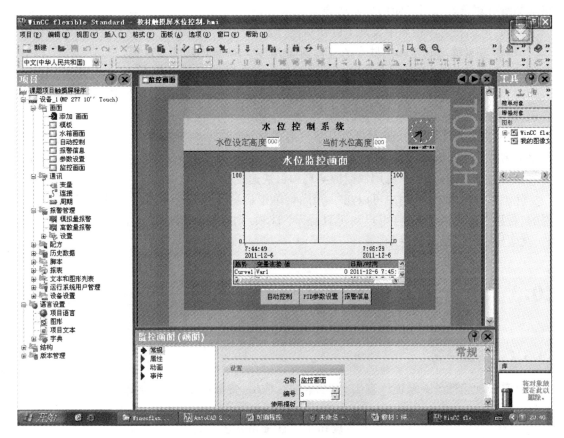

图 10.4　触摸屏编程环境

模板和各种面板。

6. 库

"库"是工具箱视图的元素,是一种用于存储诸如画面对象和变量等常用对象的中央数据库。WinCC flexible 中库分为两种:全局库和项目库。

全局库并不存放在项目数据库中,它写在一个文件中。该文件默认存放于 WinCC flexible 的安装目录下。全局库可用于所有项目。

项目库随项目数据存储在数据库中,它仅能用于创建该项目库的项目,作用是提高编程效率。可以在这两种库中创建文件夹,以便为它们所包含的对象建立一个结构。此外,可以把项目库中的元素复制到全局库中。

7. 输出视图

图 10.4 窗口最下方是输出视图,用于显示当前项目编译、下载和移植等各种动作的实时输出情况,例如在项目测试运行中所生成的系统报警。

8. 对象视图

图 10.4 窗口左下方为对象视图,对象视图显示项目视图中选定区域的所有元素。当用户在项目视图中选中某一个编辑器后,将光标移动到对象视图区域中,对象视图会自动弹出并显示该对象编辑器内容。在对象视图中双击一个对象即可打开对应的编辑器,对象视图中

显示的所有对象都可对其使用拖放功能。

例如,可以在对象视图中实现下列快捷操作。

(1)将变量移动到工作区域中的过程画面,创建与变量连接的 I/O 域。

(2)将变量移动到现有的 I/O 域,创建变量与 I/O 域之间的逻辑连接。

(3)将一个过程画面移动到工作区中的另一个过程画面,生成一个带有画面切换功能的按钮,该按钮与过程画面连接。

在"对象视图"区域中,长对象名以缩写形式显示。如果将光标移动到对象上,将显示其完整的名称作为工具提示。

当有大量对象时,用户可用快捷键实现项目快速定位。

除了工作区域之外,用户可以在"视图"菜单中显示或隐藏所有窗口。另外,只要在菜单栏的"帮助"选项中打开"启用自动工具提示"选项,则在整个软件中,光标移到某一个位置时,就会显示相应的快捷提示。

10.3 水箱水位控制系统设计

10.3.1 资源分配

资源分配包括开关量输入输出、模拟量输入输出、变量存储器,见表 10.1。

表 10.1 PLC 资源分配

类别	地址	功能
开关量	I0.0	启动按钮
	I0.1	停止按钮
	Q0.0	电机
	Q0.1	报警
	M0.0	触摸屏启停按钮
	M0.1	操作状态
模拟量	AIW0	压力
	AQW0	变频器输入

类别	地址	功能
变量存储器	VD0	检测值
	VD4	液位设定值
	VD8	模拟量输出
	VD12	回路增益
	VD16	采样时间
	VD20	积分时间
	VD24	微分时间
	VD30	触摸屏液位实际值
	VD34	触摸屏液位显示值
	VW38	PID 输出缓冲

10.3.2　系统电路结构图

根据所选择器件,设计的电路结构图如图 10.5 所示。

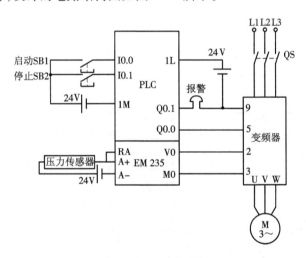

图 10.5　电路结构图

10.3.3　控制程序

梯形图程序见表 10.2。

表 10.2　触摸屏水位控制梯形图程序

梯形图程序	注释

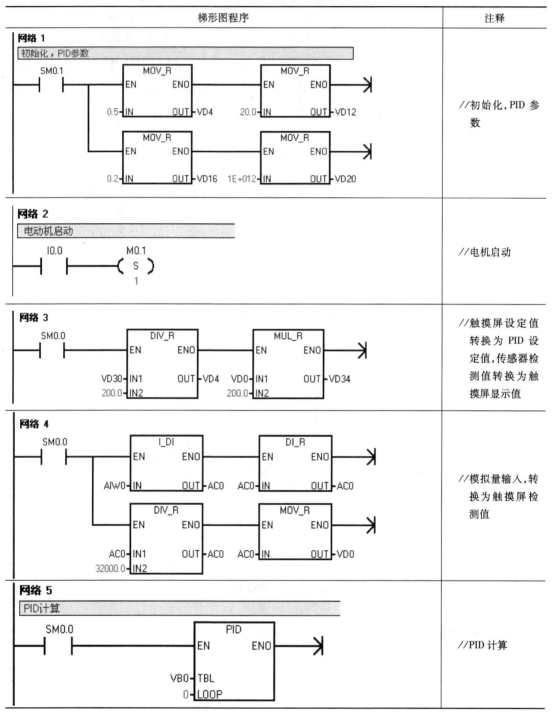	//初始化,PID 参数
	
	//电机启动
	
	//触摸屏设定值转换为 PID 设定值,传感器检测值转换为触摸屏显示值
	
	//模拟量输入,转换为触摸屏检测值
	
	//PID 计算

续表

梯形图程序	注释

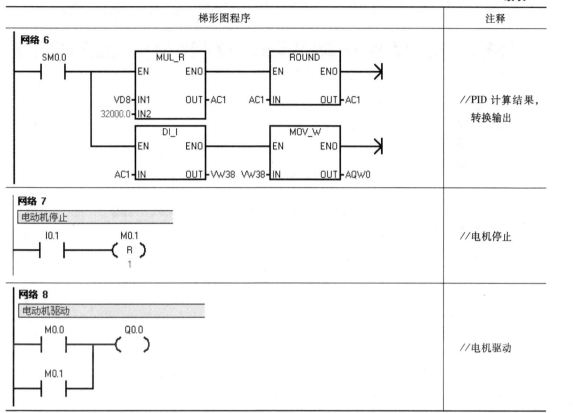

10.4　画面组态

10.4.1　创建项目

利用项目向导创建项目。

（1）该项目中的 HMI 站只和一个 PLC 控制站进行通信。这种系统在项目中称为"小型设备"。选择好项目类型后，单击"下一步"按钮（在整个项目向导创建项目期间，都可以单击"完成"按钮中断项目来完成创建项目）进入"HMI 设备和控制器"设置（如图 10.6 所示）。

（2）选用西门子公司最新推出的 MP 277 10 in 触摸屏和 S7－200 控制器。将光标放在控制器图标上并单击，可选择设备类型。

这里所列出的就是当前软件可支持的所有 HMI 设备类型。如果用户在这里并没有看到所需要的设备类型，那么就要升级软件版本，当前最新版本为 WinCC flexible 2008。窗口右下角显示该设备的硬件版本。在这里所选择的设备版本需要和实际的 HMI 设备版本一致；若不一致将导致不能将在计算机上所开发的组态程序下载到 HMI 设备上去，此时就需要对设备进行"OS 更新"。

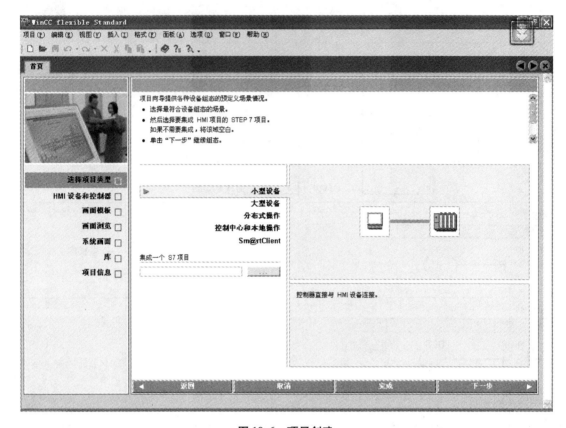

图 10.6　项目创建

（3）在"连接"选项区域可以选择 HMI 设备通过什么方式和控制器进行物理连接,具体连接方式根据所选择的触摸屏设备不同而不同。以 MP 277 为例,该触摸屏上集成有 RS－485 口和以太网口。这里选择"IF1B",即触摸屏通过 RS－485 口与 PLC 连接。

（4）在选择完连接方式后,选择触摸屏和什么样的控制器进行连接。在此,系统列出该款设备所支持的所有控制器类型,西门子公司的触摸屏支持市场上大多数的流行控制器。

（5）选择完"设备类型"、"连接方式"和"控制器类型"后,单击"下一步"按钮进入"画面模板"设置。在此项设置中,用户可以定义每一个画面都采用何种样式作为基本模板,例如在每幅画面的最上方显示公司名称和标志等。"浏览条"可以用来对整个项目中的画面进行浏览的切换操作。

（6）单击"下一步"按钮进入"画面浏览"设置。在这项设置中,可以大体上定义项目中画面的组成情况,从初始画面开始,共有 3 个子画面。

（7）单击"下一步"按钮进入"系统画面"设置。

（8）单击"下一步"按钮进入"库"设置,WinCC flexible 中已经自带了 3 个标准的系统库文件,用户可能用到的大部分的图形、元件均可以在该库中找到,并且也可以在此处将用户自定义的库文件集成到项目文件中去。

（9）单击"下一步"按钮进入"项目信息"设置,设置方法不再详述。完成后,单击"完成"按钮,软件开始创建项目。

10.4.2　创建画面

1. 画面创建

在 WinCC flexible 中,通常有三种方法可以用来生成一个新画面。

(1)在打开的项目中,从左侧的"项目视图"中选择"画面"组。双击列表中"新建画面"按钮,画面便在项目中生成并出现在项目工作区域中。

(2)单击工具栏中"新建"右侧的下三脚按钮。

(3)打开项目窗口左侧的"项目视图",选择"设备设置"组,从列表中双击"画面浏览",将弹出画面浏览编辑窗口,右击某一个画面,在弹出的菜单中选择"新画面"选项,可以很简单地为该画面创建一个子画面。

本系统创建 4 个画面:监控、自动控制、PID 参数设置、报警。

2. 设置画面属性

每一个画面都具有相同的属性设置(在 WinCC flexible 中,同一类的对象都具有相同的设置),可以根据需要在"属性视图"中自定义画面属性。

(1)在"常规"组中,可以更改画面的名称,选择画面是否使用模板,设置画面的"背景色"和"编号"。

(2)在"属性"组中,选择"层"来定义可见层,选择"帮助",可以存储记录的操作员注释。

(3)在"动画"组中,选择动态画面更新。可以在这里为每一个画面设置动画效果的"可见性"。选中"启用"选项后,当所连接的布尔型变量为 1 时该画面可见,否则该画面不可见。

(4)在"事件"组中,定义调用和退出画面时要在运行系统中执行哪些功能。"加载"(也称"装载")指的是切换该画面作为当前画面时发生的事件,可以设置在加载画面时启用哪些系统函数或者脚本。

10.4.3　常用元件组态

1. 生成文本域

文本域的组态比较简单,从工具箱中拖放一个"文本域"到当前画面之后,即可以对它的属性进行设置,包括该域中显示文本的字体、颜色、大小和位置等。

有一点需要注意,在"文本域"的"属性"组的"布局"设置中,有一个选项叫做"自动调整大小",选中该选项后文本域的外边框变为灰色,文本域的外边框根据文本域中显示的内容自动调整,用户无法自行调整域大小。不选中,则用户可以自行调整文本域的大小,此时域的大小和域中的内容无关。

2. 组态输入输出域(I/O 域)

和文本域的组态类似,首先从"工具箱"中拖放一个"I/O 域"到当前画面中之后,即可以对它的属性进行设置,包括该域中显示文本的字体、颜色、大小和位置等。

I/O 域的常规设置中,包括如下选项。

(1)模式:决定该 I/O 域为输入还是输出模式,或者为输入/输出模式。

(2)过程变量:设置该 I/O 域和哪一个变量相关以及该变量的采集周期(变量的采集周期在变量的属性设置中更改)。

(3)格式:设置该I/O域显示类型为十进制、二进制、十六进制、字符串或日期时间,并设置显示格式样式。格式样式中有三种类型:单数字9,S加单数字9,0加单数字9。单数字9表示数位个数,如99表示显示十位数,显示范围0~99,而999则显示百位数,显示范围0~999。S加单数字9,表示有符号正数,在数位前加"+"号。0加单数字9,表示在显示数值前加前导零。"移动小数位"表示一个伪小数位,如设置一位移动小数点,则999显示为99.9。

3.按钮组态

按钮最主要的功能是在点击它时执行事先组态好的系统函数,使用按钮可以完成各种丰富多彩的任务。

在按钮属性视图的"常规"对话框中,可以设置按钮的模式为"文本"、"图形"或"不可见"。

1)用按钮控制开关量

打开按钮属性视图的"事件"类的"按下"对话框,组态在按下该按钮时执行系统函数中"SetBit"(置位),可置位某一变量,组态在按下该按钮时执行系统函数中"ResetBit"(复位),可复位某一变量。

2)用按钮增减变量的值

打开按钮属性视图的"事件"类的"单击"对话框,组态在按下该按钮时执行系统函数列表的"计算"文件夹中的系统函数"IncreaseValue"(增加值),对选中的变量,可增加某一值。

在按钮属性视图的"事件"类的"单击"对话框中,组态在按下该按钮时执行系统函数列表的"计算"文件夹中的函数"SetValue"(设置值),将某一值赋值给INT型变量。

4.变量组态

1)变量的基本概念

变量的作用:动态对象的状态受变量的控制,动态对象与变量连接之后,可以用图形、字符、数字趋势图和棒图等形象的画面对象来显示PLC或HMI设备存储器中变量的当前状态或当前值,用户也可以实时监视和修改这些变量。画面对象与变量密切相关。

变量的分类:每个变量都有一个符号名和数据类型。

(1)外部变量:外部变量是操作单元(HMI人机界面)与PLC进行数据交换的桥梁,是PLC中定义的存储单元的映像,其值随PLC程序的执行而改变。可以在HMI设备和PLC中访问外部变量。

(2)内部变量:内部变量存储在HMI设备的存储器中,与PLC没有连接关系,只有HMI设备能访问内部变量。内部变量用于HMI设备内部的计算或执行其他任务。内部变量用名称来区分,而没有地址。

1)创建变量

在WinCC flexible中,用户可使用"变量编辑器"来创建和编辑变量。

在打开的项目窗口中,双击左侧"项目视图"中"通讯"组下方的"变量"图标,在工作区域将打开变量编辑器。所打开项目中所有的变量将显示在该编辑器中,编辑器的表格中包括变量的属性:名称、连接、数据类型、地址、数组计数、采集周期和注释等。可以在变量编辑器的表格中或在表格下方的属性视图中编辑变量的这些属性。

如图10.7所示,双击编辑器中变量表格最下方的空白行,将自动生成一个新的变量。变量的参数与上一行变量的参数基本相同,其名称和地址与上面一行的变量按顺序排列。

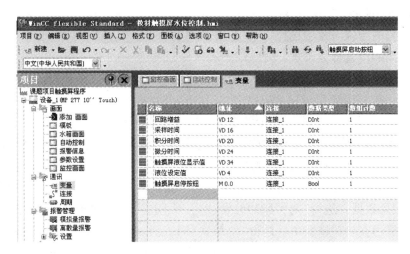

图 10.7　变量组态

3)组态变量

对于每一个变量,可以进行常规、属性和事件的设置。

常规设置包括如下几项。

(1)名称:变量的名称。

(2)PLC:定义该变量是内部变量还是外部变量,如果是外部变量,则需要和相应的连接关联。

(3)数据类型:指定变量的数据类型。不管系统如何组态,基本数据类型适用于所有变量。对于外部变量,因为其需要和 PLC 进行连接,因此可用的数据类型取决于 PLC 的数据类型。此外,可以通过建立结构来创建自己的数据类型。

(4)采集触发模式。

①循环使用:在打开的画面中使用变量时,变量被更新。

②循环连续:如果激活该设置,那么即使在当前打开的画面中没有该变量,该变量也会运行时持续更新。只能将那些确实必须连续更新的变量设置为"连续循环"模式,否则,频繁读取操作将增加通信的负担。

(5)采集周期:设置变量的刷新周期。所能使用的周期取决于使用的 HMI 设备,大多HMI 设备最小周期为 100 ms。

据变量分配表,可组态如图 10.7 所示的变量。

10.4.4　画面组态

1.组态监控画面

(1)组态 4 个文本域,即水位控制系统、水位设定高度、当前水位高度、水位监控画面。

(2)组态 2 个 I/O 域,分别与变量液位设定值、触摸屏液位显示值连接。

(3)组态 3 个按钮,即自动控制、PID 参数设置、报警信息,使其与对应画面连接。

（4）组态 1 个时钟、1 个日期时间域。

（5）组态趋势曲线。

①在工具箱的增强对象中选择一个"趋势视图"控件，将其拖放到画面中。

②趋势视图的设置分为常规、属性、动画和事件四类。

其中，在"属性"设置中有"趋势"这一组态设置。在这里，用户需要对该趋势视图组态一些基本的设置。在"趋势"设置中，各选项含义如下。

a.示例：指的是整个趋势视图显示的变量实际变换值的数目。

b.趋势类型：分为实时或以缓冲方式进行的数据记录。如果选择"位触发"作为趋势类型，则将启用缓冲方式的数据记录。以缓冲方式进行数据记录时，将在单个块中读出临时存储到控制器中的数据。缓冲方式的数据记录适合于显示"削面图趋势"。对于所有其他触发类型，将实时记录数据。进行"时钟脉冲触发"时，以固定、可组态的时间间隔从控制器读取实时数据并将其显示在趋势视图中。进行"位触发"时，当由事件触发时将读入数据，进行单个数值记录时，仅从 PLC 读取一个实时值。单个数值记录适合于显示趋势曲线。

c.根据不同的趋势触发类型，定义不同的源设置。

③如果希望显示历史数据趋势，可设置触发方式为记录，并在源设置中设置希望显示的数据记录和记录变量。设置趋势视图时间间隔为 60 s，示例数目为 60 个，这样，基本可以认为每秒显示一个点。

④组态实时趋势。与组态历史趋势相类似，需要将趋势源中设置为实时周期触发，连接相关变量即可。

另外，用户也可以在同一个趋势视图中显示多个趋势，一个趋势图最多可以显示 8 个不同的趋势，每个趋势之间相互独立。

在这里组态了"触摸屏水位显示值"的趋势视图，用以实时显示当前需要记录的数据记录变量。画面如图 10.8 所示。

2.组态自动控制画面

1）组态按钮

组态 3 个按钮，即启动、停止、返回首页，用来置位、复位触摸屏启停按钮，返回主界面。

如图 10.9 所示，"棒图"对象可用来以图形形式显示过程值，棒图可划刻度范围。在属性视图的"常规"组中的"刻度"区域，可以设置棒图的最大值和最小值，设置最大值、最小值和过程值所连接的变量；在"属性"组中，可以设置棒图的外观、布局以及刻度等；在"动画"组中，可以设置棒圈的动作和可见性等。

2）棒图组态

棒图用类似于温度计的方式形象地显示数值的大小，例如可以用来模拟显示水池液位的变化。

在变量表中创建 INT 型变量"触摸屏液位显示值"，在工具箱中打开"简单对象"，将其中的棒图对象拖放到初始画面中，并调整它的位置和大小。在属性视图的"常规"对话框中，设置棒图连接的变量为"触摸屏液位显示值"。该变量与棒图的最大值和最小值分别为 200 和 0。

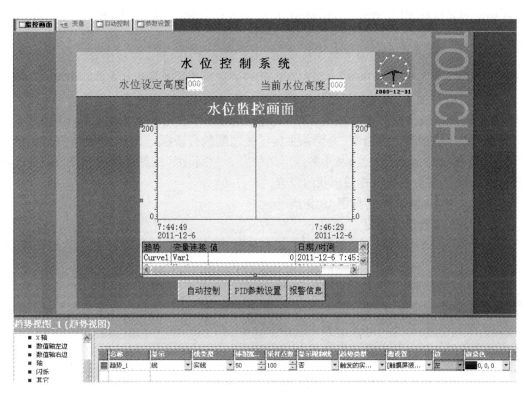

图 10.8　监控画面组态

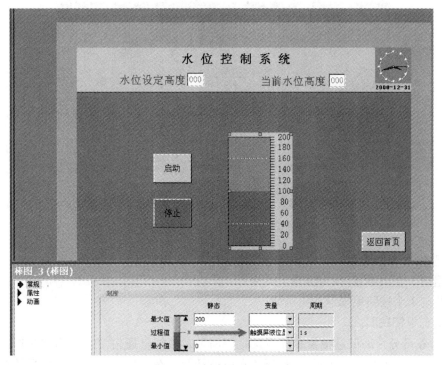

图 10.9　自动控制画面组态

在棒图的属性视图的"外观"对话框中,可以修改前景色、背景色、棒图背景色和刻度值颜色。

在"布局"对话框中,可以改变棒图放置的方向、变化的方向和刻度的位置,设置该棒图的刻度位置为"左/上",棒图的方向为"居左",即代表变量数值的前景色从右往左增大。

在"刻度"对话框中,选择如何显示刻度和显示标记标签(即刻度值)。"大刻度间距"是两个较长的主刻度线之间的数值之差。"标记增量标签"即在每两个主刻度线之间(数值为100)设置一个刻度标签,"细分数"是两条主刻度线之间的分段数。此外,还可以设置刻度值的总位数(小数部分也要占1位)和小数点后的位数。"总长度"指刻度值的字符数。修改参数后时,马上可以看到参数对棒图形状的影响。

组态完成的自动控制画面如图10.9所示。

3. 组态PID参数设置画面

(1)组态6个文本域,即PID参数设置、回路增益、积分时间、微分时间、水位设定高度、当前水位高度,且图层设为1。

(2)组态两个矩形,作为参数分组的背景。

(3)组态5个I/O域,用来设置回路增益、积分时间、微分时间、水位设定高度和显示当前水位高度。

组态完成的PID参数设置画面如图10.10所示。

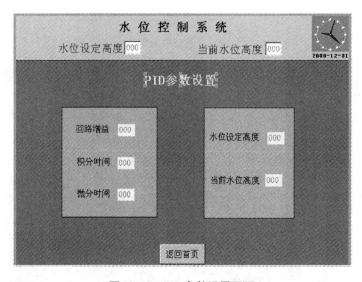

图10.10　PID参数设置画面

4. 组态报警信息画面

(1)组态1个文本域:报警信息。

(2)组态1个按钮用来返回主画面。

(3)组态报警视图。

报警一般可分为离散量报警和模拟量报警两种。模拟量通俗意义上指的是连续变化的变量,例如实际生活中的温度变化、河流的水位高低等。在这里指的是自动化系统中连续变化的变量,例如饮料生产厂家储藏罐中的液位变化、某接触点的温度变化等。模拟量报警由其对应报警模拟变量的值超出或低于其设置的上限或下限而产生。在 WinCC flexible 中组态模拟量报警,用于监视 PLC 中某一个特定的变量是否超出限制值。

对于离散量报警和模拟量报警,存在下列的报警状态。

(1)已激活(到达):满足触发报警的条件时的状态。

(2)已激活/已确认(到达/确认):操作员确认报警后的状态。

(3)已激活/已取消激活(到达/离开):触发报警的条件不再存在。

(4)已激活/已取消激活/已确认(到达/离开/确认):操作员确认已经取消激活的报警的状态。

WinCC flexible 预定义的报警类有如下四种。

(1)"错误":用于离散量和模拟量报警,指示紧急或危险的操作和过程状态。该类报警必须始终进行确认。

(2)"警告":用于离散量和模拟量报警,指示常规操作状态、过程状态和过程顺序。该类别中的报警不需要进行确认。

(3)"系统":用于系统报警,提示操作员关于 HMI 设备和 PLC 的操作状态。该报警组不能用于自定义的报警。

(4)"诊断事件":用于 S7 诊断消息,指示 SIMATIC S7 或 SIMOTION PLC 的状态和事件。该类别中的报警不需要进行确认。

综上所述,WinCC flexible 中的报警,可以由用户自行设置的条件产生(自定义报警),也可以由特定的系统事件产生(系统报警)。WinCC flexible 预先定义了四类报警类别(故障、警告、系统和诊断),属于同一类的报警具有相同的特性,如显示方式以及是否需要确认等。

报警视图显示了在报警缓冲区或报警记录中选择的报警或事件。报警和事件可以与所有可用的报警组一起显示。下面举例说明组态的具体步骤,内容为不同报警组报警运行时在报警视图中的输出。

组态步骤如下所述。

(1)在所打开的画面或模板中,组态报警视图。在属性视图中,选择"常规"组。

(2)在"显示"选项区域中,选择报警视图的内容:来自不同报警组的报警或事件,诊断缓冲区或报警记录的内容。

(3)在属性视图的"属性"组中单击"布局"。在"布局"选项区域中,选择可用于操作员设备的操作员控件元素。在"每条报警的行数"区域中,指定每条报警将要显示的行数。

(4)在属性视图的"属性"组中单击"列"。在"可见列的设置"选项区域中,选择将要在报警视图中显示的列。在"排序"选项区域中,选择报警的排序顺序。在"列属性"选项区域中,指定列的属性。

(5)在报警视图的快捷菜单中选择"编辑"选项,以激活报警视图。在激活模式下,可以设置列宽和位置。为了激活报警显示,缩放因子必须设置为100%。

可以对报警视图进行组态,使其在运行时的显示只包含一行。报警视图的尺寸将减小至只能容纳一行,不能再包含按钮。

假设液位值正常范围为 80~120 mm。超过 120 而小于 150 时,发出警告信息"液位高于限制值",超过150时,发出错误信息"液位高于极限";同样,小于80但大于50时,发出警告信息"液位低于限制值",小于50时,发出错误信息"液位低于极限"。

首先,组态用于模拟运行的变量触摸屏液位显示值,然后在模拟量报警编辑器中,组态相应的模拟量报警。这里组态了4条模拟量报警,分别对应液位高于(低于)限制值、高于(低于)极限值。当液位上升高于设置值时,采用上升沿触发;当液位低于设置值时,采用下降沿触发。为了防止因为该温度变量在设置值附近的微小振荡而频繁出现报警信息,采用延时和滞后两项设置。

组态完成的画面如图10.11所示。

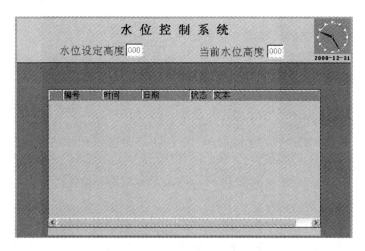

图10.11   报警画面

10.4.5   触摸屏程序传送

一个WinCC flexible项目创建和编译完毕之后,需要将其从组态计算机下载或者说叫做"传送"到运行该项目的HMI设备才能使用,这就需要建立计算机与HMI设备的通信。完成组态过程后,使用菜单命令"项目"→"编译器"→"生成"来检查项目的一致性。在完成一致性检查后,系统将生成编译好的项目文件。该项目文件分配有与项目相同的文件名,但是扩展名为"∗.fwx"。将编译好的项目文件传送至组态的HMI设备,传送步骤如下。

(1)将触摸屏与PC机通过直通网线连接。

(2)在触摸屏上进入控制面板设置,设置触摸屏的IP地址为192.168.1.11。

(3)设置PC机IP地址为192.168.1.10,使PC机与触摸屏在同一网段上。

(4)打开WinCC flexible,单击菜单栏的"项目"→"传送"→"传送设置"选项,或者直接单击工具栏的"选择设备传送"按钮,在弹出的对话框中设置计算机与HMI设备之间的连接参数,如图10.12所示。

(5)设置以太网传送模式。组态计算机和HMI设备位于同一子网络中,或者二者以点对点方式连接,组态计算机和HMI设备之间的传送操作通过以太网连接进行。

(6)设置传送目标地址。在"传送至"区域中设置传送目标地址,可以选择将编译后的项目文件存储到HMI设备的闪存或RAM中。

图 10.12　**触摸屏项目传送**

①闪存:传送到闪存后,即使设备掉电后,传送的组态项目依然生效。

②RAM:传送至 RAM,则关闭/重启动 HMI 设备之后,传送到 RAM 的组态将丢失,仍然启用存储在闪存中的组态项目。

(7)设置覆盖口令列表和配方。传送编译后的项目文件时,HMI 设备上的口令列表和配方将被相应的组态数据覆盖。

(8)回传、备份和恢复。常规情况下,在传送操作期间只将可执行项目传送到 HMI 设备上。原始项目数据保留在组态设备上,从而用于将来进一步开发项目或进行错误分析。这种传送只是将项目运行时需要的文件传送至 HMI 设备上,该文件可以使用"备份"与"恢复"功能,从 HMI 设备上传到计算机中,但是上传的文件不能被 WinCC flexible 打开和编辑,只能下载到同样的 HMI 设备中去。不启用回传、备份和恢复。

传送结束,触摸屏自动运行所传送的项目。

10.4.6　运行仿真

当用户基本组态完成一个项目时,在正式下载到实际设备之前,可以采用软件系统自带的模拟器进行仿真测试。

WinCC flexible 自带的模拟器,可以用来离线测试项目。模拟器是一个独立的应用程序,随 WinCC flexible 一起安装模拟器,允许直接在组态计算机上对项目进行模拟,通过设置变量和区域指针的值来测试组态的响应。

变量值可通过模拟表格进行模拟,或者可以通过与实际的 PLC 系统通信进行模拟。

项目模拟分为两种方式。

(1)带控制器连接的模拟,即在运行系统中启动项目,或者单击 WinCC flexible 软件工具栏的启动运行系统按钮启动运行系统,来模拟当前设备的实际运行情况。在这种情况下,只有在编程设备连接到相应的控制器上时,变量和区域指针才起作用。而且,运行系统需要相应的授权才能正常运行。

(2)不带控制器连接的模拟,随同 WinCC flexible 运行系统安装的模拟程序可以实现离线项目模拟,包括其变量和标记。在模拟表中指定标记和变量的参数,它们将由 WinCC flexible

运行系统的模拟程序读取。要使用模拟器进行模拟,选择"项目"→"编译器"→"用模拟器启动运行系统"菜单项,也可单击工具栏上的"运行模拟器"按钮,如图 10.13 至图 10.16 所示。

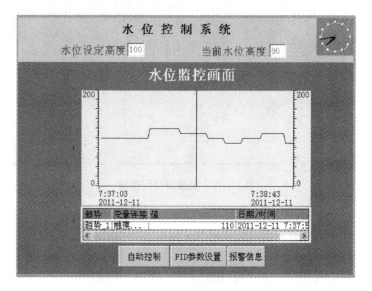

图 10.13 水位监控画面仿真

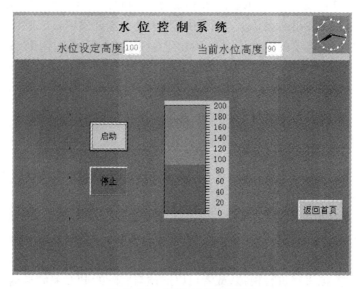

图 10.14 自动控制画面仿真

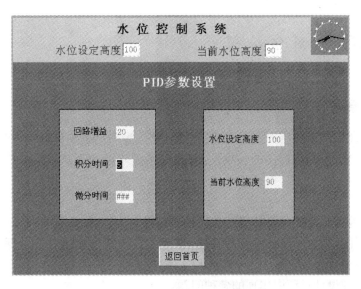

图 10.15   PID 参数设置画面仿真

图 10.16   报警画面仿真

（3）使用 STEP 7 – PLCSIM 进行模拟，在运行系统中启动项目即可。STEP 7 – PLCSIM 信息可参考 STEP 7 文档。

10.5 PLC 控制系统设计

10.5.1 设计原则

任何一个电气控制系统所要完成的控制任务,都是为满足被控对象(生产控制设备、自动化生产线、生产工艺过程等)提出的各项性能指标,最大限度地提高劳动生产率,保证产品质量,减轻劳动强度和危害程度,提高自动化水平。因此,在设计 PLC 控制系统时,应遵循的基本原则如下。

1. 最大限度地满足被控对象提出的各项性能指标

为明确控制任务和控制系统应有的功能,设计人员在进行设计前,就应深入现场进行调查研究,搜集资料,与机械部分的设计人员和实际操作人员密切配合,共同拟定电气控制方案,以便协同解决在设计过程中出现的各种问题。

2. 确保控制系统的安全可靠

电气控制系统的可靠性就是生命线。不安全可靠工作的电气控制系统是不可能长期投入生产运行的。尤其是在以提高产品数量和质量、保证生产安全为目标的应用场合,必须将可靠性放在首位,甚至构成冗余控制系统。

3. 力求控制系统简单

在能够满足控制要求和保证可靠工作的前提下,应力求控制系统构成简单。只有构成简单的控制系统才具有经济性、实用性的特点,才能做到使用方便和维护容易。

4. 留有适当的裕量

考虑到生产规模的扩大,生产工艺的改进,控制任务的增加以及维护方便的需要,要充分利用 PLC 易于扩充的特点,在选择 PLC 的容量(包括存储器的容量、机架插槽数、I/O 点的数量等)时,应留有适当的裕量。

10.5.2 设计内容

在进行 PLC 控制系统设计时,尽管有着不同的被控对象和设计任务,设计内容可能涉及诸多方面,又需要和大量的现场输入、输出设备相连接,但是基本内容应包括以下几个方面。

1. 明确设计任务和技术条件

设计任务和技术条件一般以设计任务书的方式给出,在设计任务书中,应明确各项设计要求、约束条件及控制方式,用多种方法描述控制工艺,如文档、时序图、视频、动画等。因此,设计任务书是整个系统设计的依据。

2. 确定用户输入设备和输出设备

用户的输入、输出设备是构成 PLC 控制系统中,除了作为控制器的 PLC 本身以外的硬件设备,是进行机型选择和软件设计的依据。因此,要明确输入设备的类型(如控制按钮、行程开关、操作开关、检测元件、保护器件、传感器等)和数量,输出设备的类型(如信号灯、接触器、继电器等执行元件)和数量以及由输出设备驱动的负载(如电机、电磁阀等),并进行分类、汇总。

3.选择 PLC 的机型

PLC 是整个控制系统的核心部件,正确、合理地选择机型对于保证整个系统的技术经济性能指标起着重要的作用。PLC 的选型应包括机型的选择、存储器容量的选择、I/O 模块的选择等。

4.分配 I/O 通道,绘制 I/O 接线图

通过对用户输入、输出设备的分析、分类和整理,进行相应的 I/O 通道分配,并据此绘制 I/O 接线图。至此,基本完成了 PLC 控制系统的硬件设计。

5.设计控制程序

根据控制任务和所选择的机型以及 I/O 接线图,一般采用梯形图语言设计系统的控制程序。设计控制程序就是设计应用软件,这对于保证整个系统安全可靠地运行至关重要,必须经过反复调试,使之满足控制要求。

6.必要时设计非标准设备

在进行设备选型时,应尽量选用标准设备。如无标准设备可选,还可能需要设计操作台、控制柜、模拟显示屏等非标准设备。

7.编制控制系统的技术文件

在设计任务完成后,要编制系统的技术文件。技术文件一般应包括设计说明书、使用说明书、I/O 接线图和控制程序(如梯形图程序等)。

10.5.3　程序设计的步骤

用 PLC 进行控制系统设计的一般步骤可以参考图 10.17。

1.评估控制任务

随着 PLC 功能的不断完善,几乎可以用 PLC 完成所有的工业控制任务。但是,是否选择 PLC 控制系统,应根据该系统所需完成的控制任务,对被控对象的生产工艺及特点进行详细分析。所以在设计前,应该首先把 PLC 控制与其他控制方式,主要是与继电器控制和计算机控制加以比较,特别要从以下几方面加以考虑。

1)控制规模

一个控制系统的控制规模可用该系统的输入、输出设备总数来衡量,当控制规模较大时,特别是开关量控制的输入、输出设备较多且联锁控制较多时,最适合采用 PLC 控制。

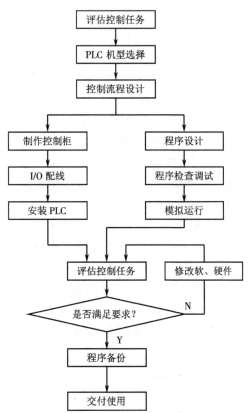

图 10.17　PLC 应用设计步骤

2)工艺复杂程度

当工艺要求较复杂时,用继电器系统控制极不方便,而且造价也相应增加,甚至会超过采用 PLC 控制的成本。因此,采用 PLC 控制将有更大的优越性。特别是如果工艺流程要求经常变动或控制系统有扩充功能要求时,则只能采用 PLC 控制。

3)可靠性要求

虽然有些系统不太复杂,但其对可靠性、抗干扰能力要求较高时,也需采用 PLC 控制。在20 世纪 70 年代,一般认为 I/O 总数在 70 点左右时,可考虑 PLC 控制;到了 20 世纪 80 年代,一般认为 I/O 总数在 40 点左右就可以采用 PLC 控制;目前,由于 PLC 性能价格比的提高,当 I/O 总数在 20 点左右时,就趋向于选择 PLC 控制。

4)数据处理程度

当数据的统计、计算等规模较大,需很大的存储器容量,且要求很高的运算速度时,可考虑采用计算机控制;如果数据处理程度较低,而主要以工业过程控制为主时,采用 PLC 控制将非常适宜。

一般说来,在控制对象的工业环境较差,而安全性、可靠性要求又很高的场合;在系统工艺复杂,输入、输出以开关量为主,而用常规继电器控制难以实现的场合;特别对于那些工艺流程经常变化的场合,可以采用低档次的 PLC。

对于那些既有开关量 I/O,又有模拟量 I/O 的控制对象,就要选择中档次的具有模拟量输入输出的 PLC,采用集中控制方案。

对于那些除了上述控制要求外,还要完成闭环控制,且有网络功能要求的场合,就需要选用高档次的、具有通信功能和其他特殊控制功能要求的 PLC,构成集散监控系统,用上位机对系统进行统一管理,用 PLC 进行分散控制。

2. PLC 机型选择

选择适当型号的 PLC 机是设计中至关重要的一步。目前,国内外 PLC 生产厂家生产的 PLC 品种已达数百个,其性能各有特点,价格也不尽相同。所以,在设计时,首先要根据机型统一的原则来考虑,尽可能考虑采用与本企业正在使用的同系列 PLC,以便于学习、掌握、维护,备品配件具有通用性也可减少编程器的投资。在此基础上还要充分考虑下面因素,以便选择最佳型号的 PLC 机。

1)输入、输出设备的数量和性质

在选择 PLC 时,首先应对系统要求的输入、输出有详细的了解,即输入量有多少,输出量有多少,哪些是开关(或数字)量,哪些是模拟量,对于数字型输出量还应了解负载的性质,以选择合适的输出形式(继电器型、晶体管型、双向晶闸管型)。在确定了 PLC 机的控制规模后,还要考虑一定的余量,以适应工艺流程的变动及系统功能的扩充,一般可按 10% ~ 15% 的余量来考虑。另外,还要考虑 PLC 的结构,从 I/O 点数的搭配上加以分析,决定选择整体式还是模块式的 PLC。

2)PLC 的功能

要根据该系统的控制过程和控制规律,确定 PLC 应具有的功能。各个系列不同规格的 PLC 所具有的功能并不完全相同。如有些小型 PLC 只有开关量的逻辑控制功能,而不具备数据处理和模拟量处理功能。当某个系统还要求进行位置控制、温度控制、PID 控制等闭环控制时,应考虑采用模块式 PLC,并选择相应的特殊功能的 I/O 模块,否则这些算法都用 PLC 的梯形图设计,一方面编程困难,另一方面也占用了大量的程序空间。另外,还应考虑 PLC 的运算速度,特别是当使用模拟量控制和高速计数器等功能时,应弄清 PLC 机的最高工作频率是否满足要求。

3)用户程序存储器的容量

合理确定 PLC 的用户程序存储器的容量,是 PLC 应用设计及选型中不可缺少的环节。一般说来,用户程序存储器的内存容量与内存利用率、开关量 I/O 总数、模拟量 I/O 点数及设计者的编程水平有关。

3.**系统设计**

1)硬件设计

PLC 的硬件设计是指 PLC 外部设备的设计。在硬件设计中要进行输入设备的选择(如操作按钮、开关及计量保护的输入信号等),执行元件(如接触器的线圈、电磁阀线圈、指示灯等)的选择以及控制台、柜的设计。要对 PLC 输入输出通道进行分配,在进行 I/O 通道分配时,应做出 I/O 通道分配表,表中应包含 I/O 编号、设备代号、名称及功能,应尽量将相同类型的信号、相同电压等级的信号排在一起,以便于施工。对于较大的控制系统,为便于软件设计,可根据工艺流程,将所需的计数器、定时器及辅助继电器也进行相应的分配。最后应根据 I/O 通道表,绘制完整、详尽的 I/O 接线图。

2)软件设计

PLC 的软件设计就是编写用户的控制程序。这是 PLC 控制系统设计中工作量最大的工作。软件设计的主要内容一般包括以下几个方面。

(1)存储器空间的分配。

(2)专用寄存器的确定。

(3)系统初始化程序的设计。

(4)各个功能块子程序的编制。

(5)主程序的编制及调试。

(6)故障应急措施。

(7)其他辅助程序的设计。

对于电气技术人员来说,编写用户的控制程序就是设计梯形图程序,可以采用逻辑分析法、经验设计法或顺序控制法。软件设计可以与现场施工同步进行,即在硬件设计完成以后,同时进行软件设计和现场施工,以缩短施工周期。

3)系统调试

当 PLC 的软件设计完成之后,应首先在实验室进行模拟调试,看是否符合工艺要求。当控制规模较小时,模拟调试可以根据所选机型,外接适当数量的输入开关作为模拟输入信号,通过输出端子的发光二极管,可观察 PLC 的输出是否满足要求。

对于一个较大的 PLC 控制系统,程序调试一般需要经过单元测试、总体实验室联调和现场联机统调等几个步骤。对于 PLC 软件而言,前两步的调试具有十分重要的意义。

Ⅰ.**实验室模拟调试**

和一般的过程调试不同,PLC 控制系统的程序调试需要大量的过程 I/O 信号方能进行。

但是在程序的前两步调试阶段,大量的现场信号不能接入到 PLC 的输入模块。因此要靠现场的实际信号去检查程序的正确性通常是不可能的。只能采用模拟调试法,这是在实践中最常用,也是最有效的调试方法。

Ⅱ.现场联机统调

去现场前要做好充分的准备。提前设计工作计划,妥善安排衣食住行;确保笔记本电脑正常,备足软件光盘;准备全常用工具,适当的电气元件,设备备件。

当现场施工和软件设计都完成以后,就可以进行现场联机统调了。在统调时,一般应首先屏蔽外部输出,再利用编程器的监控功能,采用分段分级调试方法,通过运行检查外部输入量是否无误,然后再利用 PLC 的强迫置位/复位功能逐个运行输出部件。

某些现场信号,如行程开关、接近开关的信号,需人工在现场给出模拟信号,在 PLC 侧检查。给 PLC 提供信号的专用仪表,如料位计、数码开关、模拟量仪表等,也要从信号端给出模拟信号,在 PLC 侧检查。用模拟量输出信号驱动电气传动装置的,要专门进行联调,以检查 PLC 模块的负载能力和控制精度。

逐台给单机主回路送电,进行就地手动试车,主要是配合机械调试,同时调整转向、行程开关、接近开关、编码设备、定位等。要仔细调整应用程序,以实现各项控制指标,如定位精度、动作时间、速度响应等。

尽可能把全系统所有设备都纳入空载联调,这时应使用实际的应用程序,但某些在空载时无法得到的信号仍然需要模拟,如料斗装放料信号、料流信号等,可用时间程序产生。

空载联调时,局部或系统的手动/自动/就地切换功能、控制功能、各种工作制的执行、电气传动设备的综合控制特性、系统的抗干扰性、对电源电压的波动和瞬时断电的适应性等主要性能,都应得到检查。空载联调时应保证有足够的时间,很多接口中的问题往往这时才能暴露。热负载试车尽量采取间断方式,即试车—处理—再试车。这是 PLC 系统硬件软件的考验完善阶段。要随时拷贝程序,随时修改图样,一直到正式投产。

Ⅲ.程序存储及归档

系统调试完成以后,为防止因干扰、锂电池变化等原因使 RAM 中的用户程序遭到破坏和丢失,可用磁带或磁盘将程序保存起来;或通过 EPROM 写入器将程序固化到 EPROM 或 E^2PROM 中;也可以用打印机将梯形图程序或指令语句表等用户程序打印下来。把它们作为原始基础资料,连同其他技术文件一起存档。这样能缩短日后维修与查阅程序时间。这是职业工程师的良好习惯,无论对今后自己进行维护,或者移交用户,都会带来极大的便利,而且是职业水准的一个体现。

10.5.4　节省 PLC 点数

输入、输出端口是 PLC 的重要资源,节省及扩展输入、输出端口是提高 PLC 控制系统经济性能指标的重要手段。

1.节省输入点数的方法

1)分时分组输入

分时分组输入指控制系统中不同时使用的两项或多项功能中,一个输入点可以重复使用。比如,自动程序和手动程序不会同时执行,自动和手动这两种工作方式分别使用的输入量就可以分成两组输入。如图 10.18 所示,通过 L + 端的切换,S1、S2 在手动时被接入电路,而 S3、S4 在自动时被接入电路。I1.0 用来输入自动/手动命令信号,供自动程序和手动程序切换之用。

图 10.18 中的二极管用来切断寄生电路。假设图中没有二极管,系统处于自动状态,S1、S2、S3 闭合,S4 断开,这时电流从 L + 端子流出,经 S3、S1、S2 形成寄生回路流入 I1.0 端子,使输入位 I0.1 错误地变为 ON。各开关串联了二极管后,切断了寄生回路,便可避免错误的产生。

2)利用输出端扩展输入端

如果每个输入口上接有多组输入信号,接在 L + 端的开关就必须是一个多掷开关。如果多掷开关手动操作将很不方便,特别在要求快速输入多组信号的时候,手动操作是不可能的,这时可以使用输出口代替这个开关,如图 10.19 所示。这是一个三组输入的例子,当输出口 Q0.0 接通时,K1、K2、K3 被接入电路,当输出口 Q0.1 接通时 PLC 读入 K4、K5、K6 的状态。而输出口的状态则可用软件控制实现,这种输入方式在 PLC 接入拨盘开关时很常见。

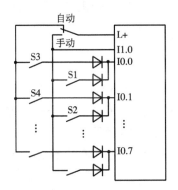

图 10.18　分时分组输入

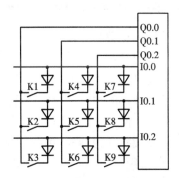

图 10.19　输出口扩展输入口

3)输入、输出点的合并

如果外部某些输入信号总是以某种“与或非”组合的整体形式出现在梯形图中,可以将它们对应的触点在 PLC 外部串、并联后作为一个整体输入 PLC,这样只占 PLC 的一个输入点。

例如某负载可在多处启动和停止,可以将多个启动信号并联,将多个停止信号串联,分别送给 PLC 的两个输入点,如图 10.20 所示。与每一个启动信号和停止信号占用一个输入点的方法相比,不仅节约了输入点,还简化了梯形图程序。

4)将信号设置在 PLC 之外

系统的某些输入信号,如手动操作按钮、保护动作后需手动复位的热继电器 FR 的常闭触点等提供的信号,可以设置在 PLC 外部的硬件电路中,如图 10.21 所示。某些手动按钮需要串接一些安全联锁触点,如果外部硬件电路过于复杂,则应考虑仍将有关信号送入 PLC,用梯形图实现联锁。

5)利用机内器件及编程扩展输入点

按钮或限位开关配合计数器可以区别输入信号的不同的意义,如在图 10.22 中,小车仅

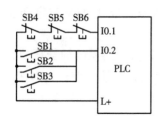

图 10.20　输入触点的合并图

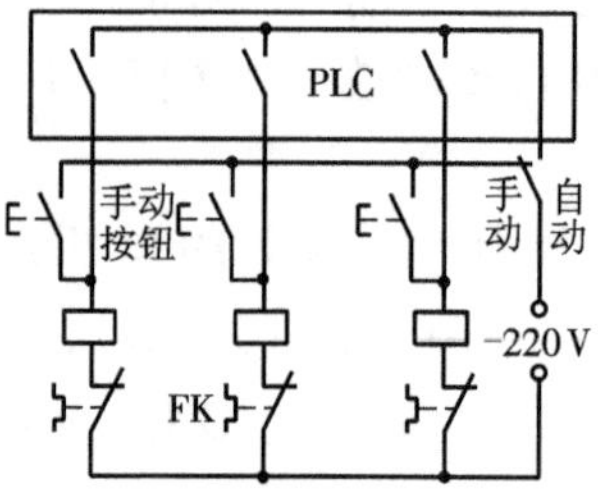

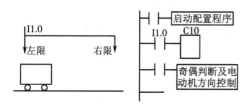

图 10.22　计数器电机运转方向控制

图 10.21　将信号设在 PLC 之外

在左限及右限间运动,将两个限位开关接在一个输入点上,但用计数器记录限位开关被碰撞的次数,如配置得当,用判断计数值的奇偶来判断小车是在左限还是在右限是可能的。另外,计数值也可以区分输入的目的,用单按钮控制一台电机的启停,或控制多台电机启停的例子也较常见。

2. 节省输出点数的方法

1) 输出端器件的合并与分组

在 PLC 输出端口功率允许的条件下,通/断态完全相同的多个负载并联后,可以共用一个输出点。通过外部的或 PLC 控制的转换开关的切换,一个输出点也可以控制两个或多个不同时工作的负载。例如,在需要用指示灯显示 PLC 驱动的负载(如接触器的线圈)状态时,可以将指示灯与负载并联,并联时负载与指示灯的额定电压应相同,总电流不应超过输出口负载允许值,可以选用电流小、工作可靠的发光二极管。用一个输出点控制指示灯常亮或闪烁,可以表示两种不同的信息。

系统中某些相对独立或比较简单的部分,可以不进入 PLC 直接用继电器电路来控制,这样同时减少了 PLC 的输入与输出触点,也可以用接触器的辅助触点来实现 PLC 外部的硬件联锁。

2) 用输出点扩展输出点

与前述利用输出点扩展输入点类似,也可以用输出点分时控制一组输出点的输出内容。比如在输出端口上接有多位七段数码管时,如果采用直接连接,所需的输出点是很多的。这时可使用图 10.23 的电路利用输出点的分时接通分时点亮多位七段数码管。

在图 10.23 所示的电路中,CD4513 是具有锁存、译码功能的专用共阴极七段数码管驱动电路,两只 CD4513 的数据输入端 A～D 共用 PLC 的 4 个输出端,其中 A 为最低位,D 为最高位。LE 是锁存使能输入端,在 LE 信号的上升沿将数据输入端输入

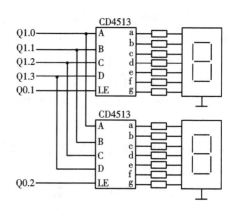

图 10.23　输出口扩展的分时输出

的 BCD 数锁存在片内的寄存器中,并将该数译码后显示出来,LE 为高电平时,显示器的数不受数据输入信号的影响。显然,N 个显示器所占用的输出点数 $P = 4 + N$。以上电路最好在输出器件为晶体管的 PLC 中使用,采用较高的切换速度以减少发光二极管的闪烁。

3)输入输出端口的保护

PLC 自带的输入口电源一般为直流 24 V,技术手册提供的输入口可承受的浪涌电压一般为 35 V/0.5 s,这是直流输入的情况。交流输入时输入额定电压一般为数十伏,因而当输入口接有电感类器件,有可能感应生成大于输入口可承受的电压,或输入口有可能窜入高于输入口能承受的电压时,应当考虑输入口保护。在直流输入时,可在需保护的输入口上反并接稳压二极管,稳压值应低于输入口的电压额定值。在交流输入时,可在输入口并入电阻与电容串联的电路。

输出口的保护与 PLC 的输出器件类型及负载电源的类型有关。保护主要针对输出为电感性负载时,负载关断产生的可能损害 PLC 输出口的高电压。保护电路的主要作用是抑制高电压的产生。当负载为交流感性负载时,可在负载两端并联压敏电阻,或者并联阻容吸收电路,如图 10.24 所示,阻容吸收电路可选 0.5 W、100 ~ 120 Ω 的电阻和 0.1 μF 的电容。当负载为直流感性负载时,可在负载两端并联续流二极管或齐纳二极管加以抑制,如图 10.25 所示,续流二极管可选额定电流为 1 A 左右的二极管。

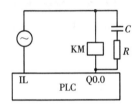

图 10.24　交流负载并联 RC 电路

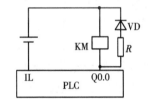

图 10.25　直流负载并联续流二极管

10.5.5　抗干扰措施

PLC 专为工业环境应用而设计,其显著的特点之一就是高可靠性。为了提高 PLC 的可靠性,PLC 本身在软硬件上均采取了一系列抗干扰措施,在一般工厂内使用能够可靠地工作,一般平均无故障时间可达几万小时。但这并不意味着对 PLC 的环境条件及安装使用可以随意处理。在过于恶劣的环境条件下,如强电磁干扰、超高温、过欠电压等情况,或安装使用不当,都可能导致 PLC 内部存储信息的破坏,引起系统的紊乱,严重时还会使系统内部的元器件损坏。

电源,输入、输出接线是外部干扰入侵 PLC 的重要途径,为了提高 PLC 控制系统的可靠性,应采取相应的抗干扰措施。

1.抑制电源系统引入的干扰

电源是 PLC 引入干扰的重要途径之一,PLC 应尽可能取用电压波动较小、波形畸变较小的电源,这对提高 PLC 的可靠性有很大帮助。PLC 的供电线路应与其他大功率用电设备或强干扰设备(如高频炉、弧焊机等)分开。在干扰较强或可靠性要求很高的场合,对 PLC 交流电源系统可采用的抗干扰措施,有以下几种方法。

（1）在 PLC 电源的输入端加接隔离变压器，由隔离变压器的输出端直接向 PLC 供电，这样可抑制来自电网的干扰。隔离变压器的电压比可取 1:1，在一次和二次绕组之间采用双屏蔽技术，一次侧屏蔽层用漆包线或铜线等非导磁材料绕一层，注意电气上不能短路，并接到中性线；二次侧采用双绞线，双绞线能减少电源线间干扰。

（2）在 PLC 电源的输入端加接低通滤波器可滤去交流电源输入的高频干扰和高次谐波。在干扰严重场合，可同时使用隔离变压器和低通滤波器的方法，通常低通滤波器先与电源相接，低通滤波器输出再接隔离变压器；也可同时使用带屏蔽层的电压扼流圈和低通滤波器的方法，如图 10.26 所示。图中 R 是压敏电阻（可选 471 kJ，击穿电压为 $220 \times 1.4 \times (1.5 \sim 2)$ V），其击穿电压略高于电源正常工作时的最高电压，正常时相当于开路。有尖峰干扰脉冲通过时，R 被击穿，干扰电压被 R 箝位，尖峰干扰脉冲消失后 R 可恢复正常。如

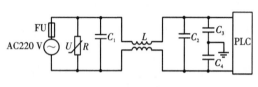

图 10.26　一种电源滤波电路

电压确实高于压敏电阻的击穿电压，压敏电阻导通，相当于电源短路，把熔丝熔断。电容 C_1、C_2 和扼流圈 L 组成低通滤波器，以滤除共模干扰。C_3、C_4 用来滤去差模干扰信号。C_1、C_2 电容量可选 1 μF，L 的电感量可选 1 μH，C_3、C_4 的电容量可选 0.001 μF。

PLC 的电源和 PLC 输入/输出模块用的电源应与被控系统的动力部分、控制部分分开配线，电源供电线的截面应有足够的余量，并采用双绞线，条件许可时，PLC 可采用单独的供电回路，以避免大设备启停对 PLC 的干扰。

2. 抑制输入、输出电路引入的干扰

为了抑制输入、输出电路引入的干扰，一般应当注意以下几点。

（1）开关量信号不容易受外界干扰，可以用普通单根导线传输。

（2）数字脉冲信号频率较高，传输过程中易受外界干扰，应选用屏蔽电缆传输。

（3）模拟量信号是连续变化的信号，外界的各种干扰都会叠加在模拟信号上而造成干扰，因而要选用屏蔽线或带防护的双绞线。如果模拟量 I/O 信号离 PLC 较远，应采用 4～20 mA 或 0～10 mA 的电流传输方式，而不用易受干扰的电压信号传输。对于功率较大的开关量输入、输出线最好与模拟量输入、输出线分开敷设。

（4）PLC 的输入、输出线要与动力线分开，距离在 20 cm 以上，如果不能保证上述最小距离，可以将这部分动力线穿管，并将管接地。绝不允许将 PLC 的输入、输出线与动力线捆扎在一起。

（5）应尽量减小动力线与信号线平行敷设的长度，否则应增大两者的距离以减少噪声干扰。一般两线间距离为 20 cm。当两线平行敷设的长度在 100～200 m 时，两线间距离应在 40 cm 以上；平行敷设长度在 200～300 m 时，两线间的距离应在 60 cm 以上。

（6）PLC 的输入、输出线最好单独敷设在封闭的电缆槽架内，线槽外壳要良好接地，不同类型的信号，如不同电压等级、不同电流类型的输入、输出线，不能安排在同一根多芯屏蔽电缆内，而且在槽架内应隔开一定距离安放，屏蔽层应接地。

3. PLC 的接地

（1）PLC 的接地最好采用专用的接地极。如不可能，也可与其他盘板共用接地系统，但须

用自己的接地线直接与公共接地极相连。绝对不允许与大功率晶闸管装置和大型电机之类的设备共用接地系统。

（2）PLC 的接地极离 PLC 越近越好，即接地线越短越好。PLC 如由多单元组成，各单元之间应采用同一点接地，以保证各单元间等电位。当然，一台 PLC 的 I/O 单元如果有的分散在较远的现场（超过 100 m），是可以分开接地的。

（3）PLC 的输入、输出信号线采用屏蔽电缆时，其屏蔽层应用一点接地，并用靠近 PLC 这一端的电缆接地，电缆的另一端不接地。如果信号随噪声波动，可以连接一个 0.1～0.47 μF/25 V 的电容器到接地端。

（4）接地线截面积应大于 2 mm²。接地线一般最长不超过 20 m，PLC 接地系统的接地电阻一般应小于 40 Ω。

10.6　系统测试及维护

10.6.1　系统测试

PLC 的可靠性很高，本身有很完善的自诊断功能，如出现故障，借助自诊断程序就可以方便地找到出现故障的部件，更换后就可以恢复正常工作。

大量的工程实践表明，PLC 外部的输入、输出元件，如限位开关、电磁阀、接触器等的故障率远远高于 PLC 本身的故障率，而这些元件出现故障后，PLC 一般不能觉察出来，不会自动停机，这样就可能使故障扩大，直至强电保护装置动作后停机，有时甚至会造成设备和人身事故。停机后，查找故障也要花费很多时间。为了及时发现故障，在没有酿成事故之前自动停机和报警，也为了方便查找故障，提高维修效率，可用梯形图程序实现外围电路故障的自诊断和自处理。

现代的 PLC 拥有大量的软元件资源，如 S7-200 PLC 的 CPU 有几百点存储器位、定时器和计数器，有相当大的余量，可以把这些资源利用起来，用于故障的检测。以下介绍两种常用的外围电路故障检测方法。

1. 超时检测

机械设备在各工步的动作所需的时间一般是不变的，即使变化也不会太大，因此可以以这些时间为参考，在 PLC 发出输出信号，相应的外部执行机构开始动作时启动一个定时器定时，定时器的设定值比正常情况下该动作的持续时间长 20% 左右。例如设某执行机构在正常情况下运行 10 s 后，它驱动的部件使限位开关动作，发出动作信号。在该执行机构开始动作时启动设定值为 12 s 的定时器定时，若 12 s 后还没有接受到动作结束信号，由定时器的常开触点发出故障信号，该信号停止正常的程序、启动报警和故障显示程序，使操作人员和维修人员能迅速判别故障的种类，及时采取排除故障的措施。

2. 逻辑错误检测

在系统正常运行时，PLC 的输入、输出信号和内部的信号（如存储器位的状态）相互之间存在着确定的关系，如出现异常的逻辑信号，则说明出现了故障。因此，可以编制一些常见故障的异常逻辑关系,并编入程序,一旦异常逻辑关系为 ON 状态,就应按故障处理。例如某机械运动过程中先后有两个限位开关动作,这两个信号不会同时为 ON。若它们同时为 ON,说明至少有一个限位开关被卡死,应停机进行处理。在梯形图程序中,用这两个限位开关对应的输入位的常开触点串联,来驱动一个表示限位开关故障的存储器位。

10.6.2　日常维护

1. 维护和保养的主要内容

PLC 控制系统维护和保养的主要内容如下。

(1)建立系统的设备档案,包括设备一览表、程序清单和有关说明、设计图纸和竣工图纸、运行记录和维修记录等。

(2)采用标准的记录格式对系统运行情况和设备状况进行记录,对故障现象和维修情况进行记录,这些记录应便于归档。运行记录的内容包括日期、故障现象和当时的环境状态,故障分析、处理方法和结果,故障发现人员和维修处理人员的签名等。

(3)系统的定期保养。根据定期保养一览表,对需要保养的设备和线路进行检查和保养,并记录保养的内容。

PLC 系统内有些设备或部件使用寿命有限,应根据产品制造商提供的数据建立定期更换设备一览表。例如,PLC 内的锂电池一般使用寿命是 1~3 年,输出继电器的机械触点使用寿命是 100~500 万次,电解电容的使用寿命是 3~5 年等。

2. 具体器件的检查和保养要点

PLC 系统由 PLC、一次检出元件、变送器、输入输出中间继电器、执行机构和连接电缆、管线等组成。组成系统任一部件的故障都会使系统不能正常运行。下面介绍具体器件的检查和保养要点。

(1)一次检出元件的检查。系统的输入信号来自现场的一次检出元件,对模拟量的检出,有时需要用变送器进行信号转换。对一次检出元件,除了在现场进行外观检查和检测开关信号的变化状态外,还应根据产品的使用寿命定期更换。

(2)连接电缆、管缆和连接点的检查。检查连接电缆是否被外力损坏或受高温等环境原因而老化;检查连接管缆是否漏气或漏液,气源或液压源的压力是否符合要求;检查连接箱内的接线端或接管的接头是否紧固,尤其是安装在有振动或易被氧化的场所时,更应定期检查和紧固。

(3)输入输出中间继电器的检查。检查继电器与继电器座的接触是否良好,继电器内接点动作是否灵活和接触良好。对大功率的输出继电器,应定期消除触点上的氧化层,并根据产品寿命进行定期更换。

(4)PLC 的检查。检查 PLC 的工作环境,例如供电、环境温度、尘埃等,检查 PLC 包括各模件的运行状态、锂电池或电容的使用时间等。对安装在 PLC 上的各种接插件,要检查它们是否接触良好,印刷线路板是否有外界气体造成的锈蚀,例如二氧化碳气体造成的锈蚀。此外,对连接到输入输出端的一些电气元件也要定期检查和更换。

(5)执行机构的检查。不管执行机构是电动、气动还是液动,都应检查执行机构执行指令的情况、动作是否到位等,校验结果应记录和归档。

　　(6)清洁卫生工作。在定期检查中,对系统各部件进行清洁是很重要的工作。粉、灰尘在一定的环境条件下会造成接触不良,绝缘性能下降;工作和检修时切下来的短导线会造成部件的短路等。因此,在打扫时,要防止杂物进入 PLC 的通风口,为此,可以采用吸尘器进行打扫。对积尘的插卡可以根据产品说明书的要求,取下插卡进行清洁工作,例如用无水酒精擦洗污物等。要仔细进行清洁工作,不要造成元件的损坏等。

　　大量故障分析表明,系统的故障绝大多数来自一次检出元件和最终执行机构。例如,一次检出元件因环境的粉尘而卡死,执行机构因气路堵塞而不能动作,中间继电器的接点接触不良等。因此,对它们的检查应给予足够的重视。

　　在更换 PLC 有关部件,例如供电电源的熔断器、锂电池等时,必须停止对 PLC 供电,对允许带电更换的部件,例如输入输出插卡,也要安全操作,防止造成不必要的事故。操作步骤应符合产品操作说明书的要求和操作顺序。

　　在更换一次检出元件或执行机构后,应对相应的部件进行检查和调整,使更换后的部件符合操作和控制的要求,更换的内容等也需要记录并归档。

　　根据更换的记录,应及时提出备品和备件的购置计划,保证在元器件损坏时能及时得到更换。

习　　题

1. 简述 PLC 控制系统设计的主要内容和调试步骤。
2. 简述在实验室模拟调试 PLC 程序的方法。
3. 常用的组态软件有哪些?
4. 简述触摸屏的特点、分类及工作原理。
5. 将项目 2 中电机基本控制改由触摸屏来控制,但功能不变。
6. 简述对 PLC 控制系统维护、保养的主要内容。

附录 A　特殊存储器

特殊存储器提供大量的状态和控制功能,用来在 CPU 和用户程序之间交换信息。特殊存储器能以位、字节、字或双字的方式使用。

1. SMB0:系统状态位

各位的作用见表 A.1,在每个扫描周期结束时,由 CPU 更新这些位。

表 A.1　特殊存储器字节(SMB0)

SM 位	描述
SM0.0	该位始终为 1
SM0.1	该位在首次扫描时为 1
SM0.2	若保持数据丢失,则该位在一个扫描周期中为 1
SM0.3	开机后进入 RUN 方式,该位将接通一个扫描周期
SM0.4	该位提供周期为 1 min,占空比为 50% 的时钟脉冲
SM0.5	该位提供周期为 1 s,占空比为 50% 的时钟脉冲
SM0.6	该位为扫描时钟,本次扫描时置 1,下次扫描时置 0
SM0.7	该位指示 CPU 工作方式开关的位置(0 为 TERM 位置,1 为 RUN 位置)。在 RUN 位置时该位可使自由端口通信方式有效,在 TERM 位置时可与编程设备正常通信

2. SMB1:错误提示

SMB1 包含了各种潜在的错误提示,这些位因指令的执行被置位或复位(见表 A.2)。

表 A.2　错误提示(SMB1)

SM 位	描述
SM1.0	指令执行的结果为 0 时该位置 1
SM1.1	执行指令的结果溢出或检测到非法数值时该位置 1
SM1.2	执行数学运算的结果为负数时该位置 1
SM1.3	除数为 0 时该位置 1
SM1.4	试图超出表的范围执行 ATT(Add to Table)指令时该位置 1
SM1.5	执行 LIFO、FIFO 指令时,试图从空表中读数该位置 1
SM1.6	试图把非 BCD 数转换为二进制数时该位置 1
SM1.7	ASCII 数值无法被转换成有效的十六进制数值时,该位置 1

3. SMB2:自由端口接收字符缓冲区

在自由端口模式下从端口 0 或端口 1 接收的每个字符均被存于 SMB2,便于梯形图程序存取。

4. SMB3:自由端口奇偶校验错误

接收到的字符有奇偶校验错误时,SM3.0 被置 1,根据该位来丢弃错误的信息。SM3.1 ~ SM3.7 位保留。

5. SMB4:队列溢出(只读)

SMB4 包含中断队列溢出位、中断允许标志位和发送空闲位,见表 A.3。队列溢出表示中断发生的速率高于 CPU 处理的速率,或中断已经被全局中断禁止指令关闭。只在中断程序中使用状态位 SM4.0、SM4.1 和 SM4.2,队列为空并且返回主程序时,这些状态位被复位。

表 A.3   中断允许、队列溢出、发送空闲标志位(SMB4)

SM 位	描述	SM 位	描述
SM4.0	通信中断队列溢出时该位置 1	SM4.4	全局中断允许位。允许中断时该位置 1
SM4.1	I/O 中断队列溢出时该位置 1	SM4.5	端口 0 发送空闲时该位置 1
SM4.2	定时中断队列溢出时该位置 1	SM4.6	端口 1 发送空闲时该位置 1
SM4.3	运行时刻发现编程问题时该位置 1	SM4.7	发生强制时该位置 1

6. SMB5:I/O 错误状态

I/O 错误状态位的用法见表 A.4。

表 A.4   I/O 错误状态位(SMB5)

SM 位	描述
SM5.0	有 I/O 错误时该位置 1
SM5.1	I/O 总线上连接了过多的数字量 I/O 点时该位置 1
SM5.2	I/O 总线上连接了过多的模拟量 I/O 点时该位置 1
SM5.3	I/O 总线上连接了过多的智能 I/O 点时该位置 1
SM5.4 ~ SM5.6	保留
SM5.7	当 DP 标准总线出现错误时该位置 1

7. SMB6:CPU 标志(ID)寄存器

CPU 标志(ID)寄存器的用法见表 A.5。

表 A.5   CPU 标志(ID)寄存器(SMB6)

SM 位	描述							
格式	MSB 7							LSB 0
	X	X	X	X				

SM 位	描述
SM6.4 ~ SM6.7	XXXX: CPU 212/CPU 222　0000 CPU 214/CPU 224　0010 CPU 221　0110 CPU 215　1000 CPU 216/CPU 226　1001 保留
SM6.0 ~ SM6.3	保留

8. SMB8 ~ SMB21:I/O 模块标志与错误寄存器

SMB8 ~ SMB21 以字节对的形式用于 0 ~ 6 号扩展模块。偶数字节是模块标志寄存器,用于标记模块的类型、I/O 类型、输入和输出的点数。奇数字节是模块错误寄存器,提供该模块 I/O 的错误(见表 A.6)。

表 A.6　I/O 模块标志与错误寄存器(SMB8 ~ SMB21)

SM 位	描述(只读)	
格式	偶数字节:模块标志(ID)寄存器 MSB　　　　　　LSB 7　　　　　　　 0 | M | t | t | A | i | i | Q | Q | M:模块存在,0 = 有,1 = 无 tt:00 = 非智能 I/O,01 = 智能 I/O, 　　10 = 保留,11 = 保留 A:I/O 类型,0 = 开关量,1 = 模拟量 ii:00 = 无输入,10 = 4AI 或 16DI, 　　01 = 2AI 或 8DI,11 = 8AI 或 32DI QQ:00 = 无输出,10 = 4AQ 或 16DQ, 　　01 = 2AQ 或 8DQ,11 = 8AQ 或 32DQ	奇数字节:模块错误寄存器 MSB　　　　　　LSB 7　　　　　　　 0 | C | 0 | 0 | b | r | p | f | t | C:配置错误 b:总线错误或校验错误 r:超范围错误　　　　0 = 无错误 p:无用户电源错误　　1 = 有错误 f:熔断器错误 t:端子块松动错误
SMB8 ~ SMB9	模块 0 标志(ID)寄存器和模块 0 错误寄存器	
SMB10 ~ SMB11	模块 1 标志(ID)寄存器和模块 1 错误寄存器	
SMB12 ~ SMB13	模块 2 标志(ID)寄存器和模块 2 错误寄存器	
SMB14 ~ SMB15	模块 3 标志(ID)寄存器和模块 3 错误寄存器	
SMB16 ~ SMB17	模块 4 标志(ID)寄存器和模块 4 错误寄存器	
SMB18 ~ SMB19	模块 5 标志(ID)寄存器和模块 5 错误寄存器	
SMB20 ~ SMB21	模块 6 标志(ID)寄存器和模块 6 错误寄存器	

9. SMW22 ~ SMW26:扫描时间

SMW22 ~ SMW26 中是以 ms 为单位的最短扫描时间、最长扫描时间与上一次扫描时间

（见表 A.7）。

表 A.7　扫描时间

SM 字	描述（只读）
SMW22	上次扫描时间
SMW24	进入 RUN 方式后,所记录的最短扫描时间
SMW26	进入 RUN 方式后,所记录的最长扫描时间

10. SMB28 和 SMB29:模拟电位器

SMB28 和 SMB29 中的数字分别对应于模拟电位器 0 和模拟电位器 1 动触点的位置（只读）。在 STOP/RUN 方式下,每次扫描时更新该值。

11. SMB30 和 SMB130:自由端口控制寄存器

用于设置通信的波特率和奇偶校验等,并提供选择自由端口方式或使用系统支持的 PPI 通信协议,可以对它们读或写。

12. SMB31 和 SMB32:E^2PROM 写控制

在用户程序的控制下,将 V 存储器中的数据写入 E^2PROM,可以永久保存。执行此功能时,先将要保存的数据的地址存入 SMW32,然后将写入命令存入 SMB31 中（见表 A.8）。一旦发出存储命令,直到 CPU 完成存储操作后将 SM31.7 置 0 之前,都不能改变 V 存储器的值。在每一扫描周期结束时,CPU 检查是否有向 E^2PROM 区保存数值的命令。如果有,则将该数据存入 E^2PROM。

表 A.8　特殊存储器字节(SMB31 ~ SMB32)

SM 字节	描述		
格式	SMB31:软件命令 MSB　　　　　　　　LSB 7　　　　　　　　0 | c | 0 | 0 | 0 | 0 | 0 | s | s |		SMW32:V 存储器地址 MSB　　　　　　　　LSB 15　　　　　　　　0 | V 存储器地址 |
SM31.0 和 SM31.1	ss:被存储数的数据类型,00 = 位,01 = 字节,10 = 字,11 = 双字		
SM31.7	c:存入 E^2PROM,0 = 没有存储数据的请求,1 = 用户程序申请向 E^2PROM 写入数据,每次操作完成后,由 CPU 将该位复位		
SMW32	SMW32 提供 V 存储器中被存储数据相对于 V0 的偏移地址,执行存储命令时,把该数据存到 E^2PROM 中相应的位置		

13. SMB34 和 SMB35:定时中断的时间间隔寄存器

SMB34 和 SMB35 分别定义了定时中断 0 与定时中断 1 的时间间隔,单位为 ms,可以指定为 1 ~ 255 ms。若为定时中断事件分配了中断程序,CPU 将在设定的时间间隔执行中断程序。要想改变定时中断的时间间隔,必须将定时中断事件重新分配给同一个或另外的中断程序,可以通过撤销中断事件来终止定时中断事件。

14. SMB36 ~ SMB62：HSC0，HSC1 和 HSC2 寄存器

SMB36 ~ SMB62 用于监视和控制高速计数器 HSC0 ~ HSC2。

15. SMB66 ~ SMB85：PTO/PWM 寄存器

SMB66 ~ SMB85 用于控制和监视脉冲输出(PTO)和脉宽调制(PWM)功能。

16. SMB86 ~ SMB94：端口 0 接收信息控制

SMB86 ~ SMB94 用于控制和读出端口 0 报文接收的起始、终止、超时、奇偶校验信息。

17. SMB98：扩展总线错误计数器

用于控制和读出当扩展总线出现校验错误时加 1，系统得电或用户写入 0 时清 0，SMB98 是最高有效字节。

18. SMB136 ~ SMB165：高速计数器寄存器

用于监视和控制高速计数器 HSC3 ~ HSC5 的操作(读/写)。

19. SMB166 ~ SMB185：PTO 包络定义表

SMB166 ~ SMB185 用于显示定义包络表的起始、字节偏移量、状态字、结果寄存器和频率寄存器。

20. SMB186 ~ SMB194：端口 1 接收信息控制

SMB186 ~ SMB194 用于控制和读出端口 1 报文接收的起始、终止、超时、奇偶校验信息。

21. SMB200 ~ SMB549：智能模块状态

SMB200 ~ SMB549 预留给智能扩展模块(例如 EM 277 PROFIBUS – DP 模块)的状态信息。SMB200 ~ SMB249 预留给系统的第一个扩展模块(离 CPU 最近的模块)，SMB250 ~ SMB299 预留给第二个智能模块。参见 S7 – 200 PLC 系统手册中的附录 A(S7 – 200 技术规范)，可得到模块如何使用 SMB200 ~ SMB299 的信息。

附录 B　指令集简表

表 B.1　布尔指令

LD	N	装载(开始的常开触点)
LDI	N	立即装载
LDN	N	取反后装载(开始的常闭触点)
LDNI	N	取反后立即装载
A	N	与(串联的常开触点)
AI	N	立即与
AN	N	取反后与(串联的常闭触点)
ANI	N	取反后立即与
O	N	或(并联的常开触点)
OI	N	立即或
ON	N	取反后或(并联的常闭触点)
ONI	N	取反后立即或
LDBx	N1,N2	装载字节比较结果 N1(x:<,<=,=,>=,>,<>)N2
ABx	N1,N2	与字节比较结果 N1(x:<,<=,=,>=,>,<>)N2
OBx	N1,N2	或字节比较结果 N1(x:<,<=,=,>=,>,<>)N2
LDWx	N1,N2	装载字比较结果 N1(x:<,<=,=,>=,>,<>)N2
AWx	N1,N2	与字比较结果 N1(x:<,<=,=,>=,>,<>)N2
OWx	N1,N2	或字比较结果 N1(x:<,<=,=,>=,>,<>)N2
LDDx	N1,N2	装载双字比较结果 N1(x:<,<=,=,>=,>,<>)N2
ADx	N1,N2	与双字比较结果 N1(x:<,<=,=,>=,>,<>)N2

ODx	N1,N2	或双字比较结果 N1(x:<,<=,=,>=,>,<>)N2
LDRx	N1,N2	装载实数比较结果 N1(x:<,<=,=,>=,>,<>)N2
ARx	N1,N2	与实数比较结果 N1(x:<,<=,-,>=,>,<>)N2
ORx	N1,N2	或实数比较结果 N1(x:<,<=,=,>=,>,<>)N2
NOT		栈顶值取反
EU		上升沿检测
ED		下降沿检测
=	N	赋值(线圈)
=I	N	立即赋值
S	S_BIT,N	置位一个区域
R	S_BIT,N	复位一个区域
SI	S_BIT,N	立即置位一个区域
RI	S_BIT,N	立即复位一个区域
LDSx	IN1,IN2	装载字符串比较结果,IN1(x:=,<>)IN2
ASx	IN1,IN2	与字符串比较结果,IN1(x:=,<>)IN2
OSx	IN1,IN2	或字符串比较结果,IN1(x:=,<>)IN2

表 B.2 传送、移位、循环和填充指令

MOVB	IN,OUT	字节传送
MOVW	IN,OUT	字传送
MOVD	IN,OUT	双字传送
MOVR	IN,OUT	实数传送
BIR	IN,OUT	立即读取物理输入字节
BIW	IN,OUT	立即写物理输出字节
BMB	IN,OUT,N	字节块传送
BMW	IN,OUT,N	字块传送
BMD	IN,OUT,N	双字块传送
SWAP	IN	交换字节
SHRB	DATA,S_BIT,N	移位寄存器
SRB	OUT,N	字节右移 N 位
SRW	OUT,N	字右移 N 位
SRD	OUT,N	双字右移 N 位

SLB	OUT,N	字节左移 N 位
SLW	OUT,N	字左移 N 位
SLD	OUT,N	双字左移 N 位
RRB	OUT,N	字节循环右移 N 位
RRW	OUT,N	字循环右移 N 位
RRD	OUT,N	双字循环右移 N 位
RLB	OUT,N	字节循环左移 N 位
RLW	OUT,N	字循环左移 N 位
RLD	OUT,N	双字循环左移 N 位
FILL	IN,OUT,N	用指定的元素填充存储器空间

表 B.3 逻辑操作

ALD		电路块串联
OLD		电路块并联
LPS		入栈
LRD		读栈
LPP		出栈
LDS		装载堆找
AENO		对 ENO 进行与操作
ANDB	IN1,OUT	字节逻辑与
ANDW	IN1,OUT	字逻辑与
ANDD	IN1,OUT	双字逻辑与
ORB	IN1,OUT	字节逻辑或
ORW	IN1,OUT	字逻辑或
ORD	IN1,OUT	双字逻辑或
XORB	IN1,OUT	字节逻辑异或
XORW	IN1,OUT	字逻辑异或
XORD	IN1,OUT	双字逻辑异或
INVB	OUT	字节取反(1 的补码)
INVW	OUT	字取反
INVD	OUT	双字取反

表 B.4 表、查找和转换指令

ATTT	ABLE,DATA	把数据加到表中
LIFO	TABLE,DATA	从表中取数据,后入先出
FIFO	TABLE,DATA	从表中取数据,先入先出

续表

FND = TBL,PATRN,INDX FND < > TBL,PATRN,INDX FND < TBL,PATRN,INDX FND > TBL,PATRN,INDX		在表中查找符合比较条件的数据
BCDI	OUT	BCD 码转换成整数
IBCD	OUT	整数转换成 BCD 码
BTI	IN,OUT	字节转换成整数
ITB	IN,OUT	整数转换成字节
ITD	IN,OUT	整数转换成双整数
DTI	IN,OUT	双整数转换成整数
DTR	IN,OUT	双整数转换成实数
TRUNC	IN,OUT	实数四舍五入为双整数
ROUND	IN,OUT	实数截位取整为双整数
ATH	IN,OUT,LEN	ASCII 码转换为十六进制数
HTA	IN,OUT,LEN	十六进制数转换为 ASCII 码
ITA	IN,OUT,FMT	整数转换为 ASCII 码
DTA	IN,OUT,FMT	双整数转换为 ASCII 码
RTA	IN,OUT,FMT	实数转换为 ASCII 码
DECO	IN,OUT	译码
ENCO	IN,OUT	编码
SEG	IN,OUT	七段译码
ITS	IN,FMT,OUT	整数转换为字符串
DTS	IN,FMT,OUT	双整数转换为字符串
RTS	IN,FMT,OUT	实数转换为字符串
STI	STR,INDEX,OUT	字符串转换为整数
STD	STR,INDEX,OUT	字符串转换为双整数
STR	STR,INDEX,OUT	字符串转换为实数

表 B.5　数学、加 1 减 1 指令

+ I	IN1,OUT	整数、双整数或实数加法 IN1 + OUT = OUT
+ D	IN1,OUT	
+ R	IN1,OUT	
− I	IN1,OUT	整数、双整数或实数减法 OUT − IN1 = OUT
− D	IN1,OUT	
− R	IN1,OUT	

MUL	IN1,OUT	
* I	IN1,OUT	整数乘整数得双整数
* D	IN1,OUT	实数、整数或双整数乘法
* R	IN1,OUT	IN1 × OUT = OUT
DIV	IN1,OUT	
/I	IN1,OUT	整数除整数得双整数
/D	IN1,OUT	实数、整数或双整数除法
/R	IN1,OUT	OUT/IN1 = OUT
SQRT	IN1,OUT	平方根
LN	IN1,OUT	自然对数
EXP	IN1,OUT	自然指数
SIN	IN1,OUT	正弦
COS	IN1,OUT	余弦
TAN	IN1,OUT	正切
INCB	OUT	字节加 1
INCW	OUT	字加 1
INCD	OUT	双字加 1
DECB	OUT	字节减 1
DECW	OUT	字减 1
DECD	OUT	双字减 1
PID	Table,Loop	PID 回路

表 B.6　中断指令

CRETI		从中断程序有条件返回
ENI		允许中断
DISI		禁止中断
ATCH	INT,EVENT	给事件分配中断程序
DTCH	EVENT	解除中断事件

表 B.7　定时器和计数器指令

TON	Txxx,PT	通电延时定时器
TOF	Txxx,PT	断电延时定时器
TONR	Txxx,PT	保持型通电延时定时器
BITIM	OUT	启动间隔定时器
CITIM	IN,OUT	计算间隔定时器

续表

CTU	Cxxx,PV	加计数器
CTD	Cxxx,PV	减计数器
CTUD	Cxxx,PV	加/减计数器

表 B.8 字符串指令

SLEN	IN,OUT	求字符串长度
SCAT	IN,OUT	连接字符串
SCPY	IN,OUT	复制字符串
SSCPY	IN,INDX,N,OUT	复制子字符串
CFND	IN1,IN2,OUT	在字符串中查找一个字符
SFND	IN1,IN2,OUT	在字符串中查找一个子字符串

表 B.9 通信指令

XMT	TABLE,PORT	自由端口发送
RCV	TABLE,PORT	自由端口接收
NETR	TABLE,PORT	网络读
NETW	TABLE,PORT	网络写
GPA	TABLE,PORT	获取端口地址
SPA	TABLE,PORT	设置端口地址

表 B.10 高速计数器指令

HDEF	HSC,MODE	定义高速计数器模式
HSC	N	激活高速计数器
PLS	X	脉冲输出

表 B.11 程序控制指令

END		程序的条件结束
STOP		切换到 STOP 模式
WDR		看门狗复位(300 ms)
JMP	N	跳到指定的标号
LBL	N	定义一个跳转的标号
CALL	N(N1,…)	调用子程序,可以有 16 个可选参数
CRET		从子程序条件返回
FOR	INDX,INIT,FINAL	For/Next 循环
NEXT		

LSCR	N	顺控继电器段的启动
SCRT	N	顺控继电器段的转换
CSCRE		顺控继电器段的条件结束
SCRE		顺控继电器段的结束

附录 C 错误代码

1. 致命错误代码和信息

致命错误会导致 CPU 停止执行用户程序。根据错误的严重性,一个致命错误会导致 CPU 无法执行某些功能或所有功能。处理致命错误的目的是使 CPU 进入安全状态,使之可以响应对当前错误状况的询问。

当发生一个致命错误时,CPU 执行以下任务。

(1)进入 STOP 方式。

(2)点亮系统致命错误 LED 和 STOP LED 指示灯。

(3)断开输出。

这种状态将会持续到错误清除之后。表 C.1 列出了可以从 CPU 模块读到的致命错误代码及其描述。

表 C.1 致命错误代码及描述

错误代码	描述
0000	无致命错误
0001	用户程序校验和错误
0002	编译后的梯形图程序校验和错误
0003	扫描看门狗超时错误
0004	内部 E^2PROM 错误
0005	内部 E^2PROM 用户程序校验和错误
0006	内部 E^2PROM 配置参数校验和错误
0007	内部 E^2PROM 强制数据校验和错误
0008	内部 E^2PROM 缺省输出表值校验和错误
0009	内部 E^2PROM 用户数据、DB1 校验和错误
000A	存储器卡失效
000B	存储器卡用户程序校验和错误
000C	存储器卡配置参数校验和错误
000D	存储器卡强制数据校验和错误
000E	存储器卡缺省输出表值校验和错误
000F	存储器卡用户数据、DB1 校验和错误
0010	内部软件错误

错误代码	描述
0011	比较触点间接寻址错误
0012	比较触点非法值错误
0013	存储器卡空或者 CPU 不能识别该卡
0014	比较触点范围错误

2. 运行程序错误

在程序的正常运行中,可能会产生非致命错误(如寻址错误)。在这种情况下,CPU 产生一个非致命运行时间错误代码。表 C.2 列出了这些非致命错误代码及其描述。

表 C.2　运行程序错误

错误代码	含义
0000	无错误
0001	执行 HDEF 之前,HSC 禁止
0002	输入中断分配冲突并分配给 HSC
0003	到 HSC 的输入分配冲突,已分配给输入中断
0004	在中断程序中企图执行 ENI、DISI、SPA 或 HDEF 指令
0005	第一个 HSC/PLS 未执行完之前,又企图执行同编号的第二个 HSC/PLS
0006	间接寻址错误
0007	TODW(写实时时钟)或 TODR(读实时时钟)数据错误
0008	用户子程序嵌套层数超过规定
0009	在程序执行 XMT 或 RCV 时,通信口 0 又执行另一条 XMT/RCV 指令
000A	HSC 执行时,又企图用 HDEF 指令再定义该 HSC
000B	在通信口 1 上同时执行 XMT/RCV 指令
000C	时钟存储卡不存在
000D	重新定义已经使用的脉冲输出
000E	PTO 个数设为 0
0091	范围错误(带地址信息):检查操作数范围
0092	某条指令的计数域错误(带计数信息):检查最大计数范围
0094	范围错误(带地址信息):写无效存储器
009A	用户中断程序试图转换成自由口模式
009B	非法指针(字符串操作中起始位置值指定为 0)

3. 编译规则错误

下载程序时,CPU 将编译该程序,如果 CPU 发现程序违反编译规则(如出现非法指令),就会停止下载程序,并生成一个非致命编译规则错误代码。表 C.3 列出了违反编译规则生成的错误代码及其意义。

表 C.3　编译规则错误

错误代码	含义
0080	程序太大无法编译,须缩短程序
0081	堆栈溢出:需把一个网络分成多个网络
0082	非法指令:检查指令助记符
0083	无 MEND 或主程序中有不允许的指令:加条 MEND 或删去不正确的指令
0084	保留
0085	无 FOR 指令:加上 FOR 指令或删除 NEXT 指令
0086	无 NEXT:加上 NEXT 指令或删除 FOR 指令
0087	无标号(LBL,INT,SBR):加上合适标号
0088	无 RET 或子程序中有不允许的指令:加条 RET 或删去不正确指令
0089	无 RETI 或中断程序中有不允许的指令:加条 RETI 或删去不正确指令
008A	保留
008B	从/向一个 SCR 段的非法跳转
008C	标号重复(LBL,INT,SBR):重新命名标号
008D	非法标号(LBL,INT,SBR):确保标号数在允许范围内
0090	非法参数:确认指令所允许的参数
0091	范围错误(带地址信息):检查操作数范围
0092	指令计数域错误(带计数信息):确认最大计数范围
0093	FOR/NEXT 嵌套层数超出范围
0095	无 LSCR 指令(装载 SCR)
0096	无 SCRE 指令(SCR 结束)或 SCRE 前面有不允许的指令
0097	用户程序包含非数字编码和数字编码的 EV/ED 指令
0098	在运行模式进行非法编辑(试图编辑非数字编码的 EV/ED 指令)
0099	隐含网络段太多(HIDE 指令)
009B	非法指针(字符串操作中起始位置指定为 0)
009C	超出指令最大长度

附录 D　常用缩略语

（1）A/D：Analog to Digital，模/数。

（2）AI/AQ：模拟量输入/模拟量输出。

（3）ASCII：American Standard Code for Information Interchange，美国标准信息交换代码。

（4）AS－I：Actuator Sensor Interface，执行器传感器接口。

（5）B：Byte，字节，1 B = 8 bit。

（6）b：bit，位，比特。

（7）BOP：Basic Operating Panel，基本操作面板。

（8）CAN：Controller Area Network，控制器局域网络。

（9）CP：Communication Processor，通信处理器。

（10）CPU：Central Processing Unit，中央处理单元。

（11）CRC：Cyclic Redundancy Check，循环冗余校验。

（12）CSMA/CD：Carrier Sense Multiple Access/Collision Detect，带冲突检测的载波侦听多路访问技术。

（13）D/A：Digital to Analog，数/模。

（14）DB：Data Block，数据块。

（15）DCE：Data Circuit-terminating Equipment，数据电路端接设备。

（16）DCS：Distributed Control System，集散控制系统。

（17）DIN：德国标准。

（18）DTE：Data Terminating Equipment，数据终端设备。

（19）DW：Double Word，双字，1 DW = 2 W = 4 B = 32 bit。

（20）E^2PROM：Electrically Erasable Programming Read – only Memory，电擦除的可编程ROM。

（21）EIB：European Installation Bus，欧洲安装总线。

（22）EM：External Module，扩展模块。

（23）ENO：Enable Out，使能输出。

（24）EU：External Unit，扩展单元机架。

（25）FA：Factory Automation，工厂自动化。

（26）FB：Field Bus，现场总线。

（27）FBD：Function Block Diagram，功能块图。

（28）FF：Foundation Fieldbus，基金会现场总线。

（29）FM：Function Module，功能模块。

（30）HMI：Human and Machine Interface，人机界面。

（31）IEC：International Electrician Committee，国际电工委员会。

（32）IEEE：Institute of Electrical and Electronics Engineers，国际电工与电子工程师学会。

（33）I/O：Input/Output，输入/输出。

（34）ISO：International Standard Organization，国际标准化组织。

（35）LAD：LAdder Diagram，梯形图。

（36）LAN：Local Area Network，局域网。

（37）LCD：Liquid Crystal Display，液晶显示屏。

（38）LED：Light Emitting Diode，发光二极管。

（39）LLC：Logic Link Control，逻辑链路控制。

（40）LLI：Lower Layer Interface，低层接口。

（41）LonWorks：Local Operating Network，局域操作网络。

（42）LRC：Longitudinal Redundancy Check，纵向冗余校验。

（43）MAC：Media Access Control，介质存取控制。

（44）MAP：Manufacturing Automation Protocol，制造自动化协议。

（45）MIS：Management Information System，管理信息系统。

（46）MMC：Micro Memory Card，程序存储卡。

（47）Modem：Modulator demodulator，调制解调器。

（48）Modbus：Modicon Bus，莫迪康总线。

（49）MPI：Multi-Point Interface，多点接口。

（50）OB：Organizational Block，组织块。

（51）OB1：主程序。

（52）OSI：Open System Interconnection Referenced Model，开放系统互连参考模型。

（53）PB：Program Block，程序块。

（54）PC：Personal Computer，个人计算机。

（55）PG：Programme，编程器。

（56）PID：Proportional-Integral-Derivative，比例 - 积分 - 微分。

（57）PLC：Programmable Logic Controller，可编程控制器。

（58）POU：Program Organizational Unit，程序组织单元。

（59）PPI：Point-to-Point Interface，点对点接口。

（60）PROFIBUS：Process Field Bus，过程现场总线。

（61）PROFIBUS – DP：Process Field Bus Decentralized Periphery，分布式外部设备。

（62）PROFIBUS – FMS：Process Field Bus Fieldbus Message Specification，现场总线报文规范。

（63）PROFIBUS – PA：Process Field Bus Process Automation，过程自动化。

（64）PT：Preset Time，预置（时间）值。

（65）PWM：Pulse Width Modulation，脉冲宽度调制。

（66）RAM：Random Access Memory，随机读写存储器。

（67）ROM：Read-Only Memory，只读存储器。

（68）SDS：Smart Distributed System，灵巧配电系统。

（69）SFC：Sequential Function Chart，顺序功能图。

（70）SM：Special Memory，特殊存储器。

（71）SMS：Short Message Service，短信息服务。

（72）STL：STatement List，语句表。

（73）T：Timer，定时器。

（74）TD：Text Display，文本显示器。

（75）TIA：Totally Integrated Automation，全集成自动化系统。

（76）TONR：Retentive On-delay Timer，有记忆的接通延时定时器。

（77）TP：Touch Panel Monitor，触摸屏。

（78）USS：Universal Serial Interface Protocol，通用串行接口协议。

（79）W：Word，字，1 W = 2 B = 16 bit。

参 考 文 献

[1] 张万忠.可编程控制器入门与应用实例[M].北京:中国电力出版社,2004.
[2] 廖常初.PLC 编程及应用[M].2 版.北京:机械工业出版社,2005.
[3] 孙平.可编程控制器原理及应用[M].2 版.北京:高等教育出版社,2003.
[4] 严盈富.监控组态软件与 PLC 入门[M].北京:人民邮电出版社,2006.
[5] 吕景泉.可编程控制器技术教程[M].北京:高等教育出版社,2006.
[6] 陈立定.电气控制与可编程控制器[M].广州:华南理工大学出版社,2003.
[7] 边春元.S7 - 300/400 PLC 实用开发指南[M].北京:机械工业出版社,2007.
[8] 杨卫华.现场总线网络[M].北京:高等教育出版社,2004.
[9] 胡学林.可编程控制器应用技术[M].北京:高等教育出版社,2005.
[10]   王廷才.变频器原理及应用[M].北京:机械工业出版社,2005.
[11]   张世生.可编程控制器应用技术[M].西安:西安电子科技大学出版社,2009.